WJEC

CEMEG MODYLOL

Cymorth Adolygu Modwl CH5

P G Blake a K D Warren
Cyn-brifarholwyr

SAFON UG/UWCH

Cyhoeddwyd gan Uned Iaith Genedlaethol Cymru,
Cyd-bwyllgor Addysg Cymru,
245 Rhodfa'r Gorllewin,
Caerdydd
CF5 2YX

Mae Uned Iaith Genedlaethol Cymru
yn rhan o WJEC CBAC Cyf.,
cwmni a gyfyngir gan warant
ac a reolir gan awdurdodau unedol Cymru

Cemeg Modylol CBAC, Safon UG/Uwch
Cymorth Adolygu Modwl CH5

Cyhoeddwyd dan nawdd Cynllun Cyhoeddiadau
Cyd-bwyllgor Addysg Cymru

Cyhoeddwyd gyntaf 2002

Argraffwyd yng Nghymru gan HSW Print,
Cwm Clydach, Tonypandy, Rhondda CF40 2XX

ISBN: 1 86085 531 8

Cymorth Adolygu Cemeg Modylol Safon Uwch Gyfrannol/Safon Uwch CBAC

O ganlyniad i ad-drefnu system Arholiadau Safon Uwch Gyfrannol/Safon Uwch, a sbardunwyd gan y Llywodraeth, fe wnaeth CBAC adolygiad sylweddol o'r maes llafur presennol (a elwir bellach yn fanyleb) yn ystod 1999. Roedd rhan helaeth o'r adolygiad hwn yn ymwneud â'r rheolau ac â phwysiadau'r modylau ond roedd angen gwneud rhai newidiadau hefyd i'r cynnwys ac i drefn y cynnwys. O ganlyniad i hyn, gofynnwyd i'r awduron ddiweddaru eu llyfrynnau cyfarwyddyd (a gyhoeddwyd o dan enw Cyhoeddiadau RND) fel y gellir eu defnyddio gyda'r fanyleb newydd hon (CBAC 2000). Dechreuir addysgu hon ym Medi 2000, gyda'r arholiadau cyntaf yn 2001.

Mae nifer o wahaniaethau pwysig, fodd bynnag, rhwng y cynllun arholi newydd a'r un blaenorol. Y prif wahaniaeth yw'r ffaith bod y cymhwyster UG bellach yn cael ei gydnabod fel safon lai anodd na'r hyn sy'n cyfateb i Safon Uwch lawn. O ganlyniad, mae craidd y pwnc (a elwir bellach yn feini prawf y pwnc) wedi cael ei rannu yn ddwy adran, y naill yn cwmpasu'r flwyddyn UG a'r llall y flwyddyn U2. Fe'i cynllunnir felly i ymdrin gyntaf â'r agweddau mwy sylfaenol ond llai cymhleth ar y pwnc, gyda'r cysyniadau mwy dyrys a'r rhan fwyaf (ond <u>nid</u> y cyfan) o'r elfennau meintiol yn cael eu dal yn ôl tan yn ddiweddarach.

O ganlyniad i'r rhaniad hwn, mae nifer o wahaniaethau rhwng cynnwys y modylau newydd (sef CH1, CH2, CH4 ac CH5, sy'n cyfateb yn fras i'r hen C1, C2, C3 ac C4) a'r trefniad blaenorol. Felly, er enghraifft, mae cemeg elfennau bloc-d, a oedd yn ymddangos yn C1, wedi cael ei drosglwyddo i CH5 a rhoddwyd yn ei le ymdriniaeth ychydig yn fanylach o gemeg Grŵp II, a arferai fod yn rhan o C4 yn bennaf. Yn ogystal, mae'r astudiaeth o newidiadau egni ac ecwilibriwm, ynghyd â chineteg, wedi cael ei rhannu rhwng CH2 ac CH5 yn awr, gyda'r agweddau mwy meintiol yn CH5 yn bennaf. Yn olaf, mae meini prawf y pwnc bellach yn mynnu bod peth gwaith ar sbectrosgopeg cyseiniant magnetig niwclear i'w wneud ym mlwyddyn U2 ac mae hyn yn ymddangos yn awr yn CH4, ynghyd â'r mathau eraill ar sbectra a arferai gael eu hastudio yn C3.

Er bod yr adolygwyr wedi manteisio ar y cyfle i lenwi ychydig iawn o fylchau yn y maes llafur a oedd yn bodoli, maent yn gyffredinol wedi dilyn yr egwyddor o newid cyn lleied ag y bo modd; dim ond pan oedd yn anochel o dan y rheolau a'r cyfyngiadau caeth iawn a fynnir gan yr Awdurdod Cymwysterau a Chwricwlwm (QCA, Awdurdod Cwricwlwm ac Asesu Ysgolion gynt) y gwnaethpwyd newidiadau. Bydd llawer o gynnwys y pedwar modwl CH1, CH2, CH4 ac CH5, a'r cyfarwyddyd yn y gyfres ddiwygiedig hon o lyfrynnau, yn gyfarwydd felly i ddefnyddwyr y maes llafur presennol a byddant yn trafod meysydd tebyg iawn.

Rhagwelir y ceir y safon lai anodd ar gyfer Safon UG yn bennaf trwy ostwng lefel y disgwyliadau yn hytrach na thynnu deunydd allan.

O ganlyniad i'r ffaith yr anogir myfyrwyr yn awr i gychwyn ar (o leiaf) bedwar pwnc ar gyfer Safon UG, mae'n debyg y bydd llai o amser cyswllt ar gael ar gyfer unrhyw bwnc penodol. Fodd bynnag, mae'n debyg y bydd y gofyniad y dylai safon gyffredinol y cymhwyster Safon Uwch lawn aros yr un fath yn arwain at lefel ddwysach o astudiaeth yn y flwyddyn U2. Mater i'r canolfannau unigol ei drafod yn eu ffyrdd eu hunain yw hyn, wrth gwrs, ac yn gyffredinol nid oes ymdrech yn y llyfrynnau cyfarwyddyd hyn i deilwrio'r cynnwys pynciol er mwyn cymryd hyn i ystyriaeth. Fodd bynnag, trwy CH1 i gyd (ac yn ddiweddarach yn CH2) gwnaed peth defnydd o brint llai i nodi adrannau lle mae egwyddorion cyffredinol yn bwysicach na manylion penodol. Mae'r confensiwn o ddefnyddio bachau petryal i ddynodi defnydd estynnol y tu allan i'r maes llafur, a ddefnyddiwyd gynt, hefyd yn cael ei gadw, ac nid oes newid yn ystyr termau fel 'dwyn i gof', 'disgrifio', 'cymhwyso', 'cyfrifo', 'gwerthfawrogi' a 'dangos ymwybyddiaeth'.

Cynlluniwyd y llyfrynnau hyn felly er mwyn darparu cyfarwyddyd ar gyfer myfyrwyr ac athrawon cynllun newydd Cemeg Safon UG/U CBAC, ond mae'n rhaid ailadrodd yma beth yw eu bwriad: nis cynlluniwyd fel gwerslyfrau ac yn bendant nid er mwyn disodli gwerslyfrau, ac yn yr un modd nid ydynt yn honni ymdrin yn fanwl â phob agwedd ar y fanyleb. Er hynny, fe'u bwriadwyd i ddangos y pwyntiau allweddol sydd i'w deall gyda phob Testun a Chanlyniad Dysgu ac i egluro beth a ddisgwylir o ran dyfnder y driniaeth sydd ei hangen. Fel o'r blaen, gwnaethpwyd ymgais i gyfleu rhywfaint o'r meddwl a'r athroniaeth sydd y tu ôl i adeiladu'r fanyleb a cheir llawer o groesgyfeiriadau hefyd er mwyn helpu myfyrwyr i werthfawrogi'r perthnasoedd rhwng gwahanol Destunau a meysydd y pwnc. Ar gyfer pob Canlyniad Dysgu nodir beth sydd i'w ddysgu, i'w ddeall, i'w ddiddwytho a'i gymhwyso a rhoddir cymorth hefyd lle <u>nad</u> oes angen rhai agweddau, fel croesrywedd.

Ym Modwl CH1, mae'n anochel y ceir Cemeg Ffisegol yn bennaf, ond ategir hyn gan gyflwyniad i gyfnodedd ac enghreifftiau o Gemeg Anorganig y prif grwpiau. Mae Modwl CH2 yn cynnwys rhagor o Gemeg Ffisegol, er bod peth o'r deunydd mwyaf anodd o safbwynt rhifiadol yn cael ei hepgor, ac mae hefyd yn cyflwyno cysyniadau sylfaenol Cemeg Organig. Mae'r astudiaeth o fensen a rhywogaethau aromatig yn cael ei gohirio tan Fodwl CH4, fodd bynnag, sydd hefyd yn cynnwys holl gemeg y grwpiau gweithredol sy'n weddill, ynghyd â'r holl fathau ar sbectrosgopeg a ragnodir. Yn olaf, ym Modwl CH5, cynhwysir yr holl drafodaeth fanwl ar gryfderau bondiau, ecwilibriwm a chyfrifiadau cinetig a deunydd rhydocs, ynghyd ag agweddau pellach ar gyfnodedd a Chemeg Anorganig bloc-d.

Yr unig newid arall o bwys yw'r drefn yr addysgir cynnwys y flwyddyn U2. Yn anffodus nid oedd modd cadw'r sefyllfa lle gellid addysgu (ac arholi) naill ai Modwl C3 neu Modwl C4 gyntaf. Roedd angen mabwysiadu dewis y mwyafrif, felly, lle'r astudir Modwl CH4 gyntaf, gyda Modwl CH5 yn dilyn wedyn.

Unwaith eto, mae'r awduron yn gobeithio y bydd y gyfres hon o Lyfrynnau Cyfarwyddyd yn rhywfaint o fudd i fyfyrwyr ac athrawon fel ei gilydd, a byddant yn dal i werthfawrogi clywed barn eu defnyddwyr. Yn olaf, maent yn argymell i bawb sydd â diddordeb ddarllen y ***Llyfr Darllen Cefndir*** a gynhyrchwyd gan y Prif Arholwr presennol, Mr P.J. Barratt, ar gyfer CBAC, ac a ddylai brofi yn arbennig o werthfawr ar gyfer myfyrwyr sy'n gobeithio cael graddau uchel neu sy'n ystyried y dyfarniadau AEA newydd a fydd yn fuan yn disodli'r hen Safon S.

P.G. Blake
K.D. Warren
Awst 2000

Rhagymadrodd i Fodwl CH5

Ym Modwl CH5 cwblheir dwy brif thema, a ddechreuwyd ym Modwl CH1. Mae'r rhan fwyaf o'r cynnwys felly yn ymwneud â chemeg anorganig yn fwy systematig fel dilyniant o'r braslun a roddwyd gynt, yn enwedig yn Nhestun 5. Datblygir cysyniad rhydocs ymhellach yn Nhestun 18, gan gynnwys defnyddio hanner hafaliadau ïon/electron a photensialau electrod safonol, tra dechreuir ystyried cemeg grwpiau yn fanwl yn Nhestun 19, sy'n ymwneud â'r elfennau bloc-*s*. Mae hyn yn canolbwyntio yn bennaf ar Grŵp I o ran manylion penodol ond gwneir cymariaethau ag ymddygiad elfennau Grŵp II (gweler Testun 5.2 hefyd) pan fo'n briodol. Nid oes digon o amser i ymdrin â chemeg yr elfennau bloc-*p* yn llawn o bell ffordd, wrth reswm, ac felly rhoddir sylw i ddau Grŵp cynrychioladol yn unig, sef Grŵp IV a Grŵp VII (Testunau 20.1 ac 20.2). Y brif thema ar gyfer Grŵp IV yw sefydlogrwydd cynyddol y cyflwr ocsidiad isaf (catïon gyda phâr anadweithiol) wrth fynd i lawr y Grŵp, tra gyda Grŵp VII canolbwyntir, ymhlith pethau eraill, ar sefydlogrwydd cynyddol y cyflyrau ocsidiad uchaf wrth fynd i lawr y Grŵp. Mae Testun 21 yn ymwneud â chemeg yr elfennau bloc-*d* (trosiannol) Sc i Zn, gyda phwyslais arbennig (ond nid yn unig) ar sbectrosgopeg a phriodweddau cysylltiedig cymhlygion y gyfres 3*d*. Yn olaf, yn Nhestun 22, ceir mwy o fanylder ar egwyddorion pellach cyfnodedd, a gyflwynwyd yn Nhestun 5, ac ymchwilir i rai pwyntiau penodol, gan gynnwys syniadau uchafsymiau cofalens, nodweddion amffoterig a diffyg electronau.

Mae gweddill y cynnwys, sef Testunau 23 a 24, yn ymwneud â rhai o'r agweddau mwyaf dyrys a meintiol o eiddo cemeg ffisegol, a adawyd heb eu trin Modylau CH1 ac CH2. Mae'r rhain yn cynnwys dealltwriaeth fwy manwl o gineteg a thriniaeth o newidiadau enthalpi ffurfiant dellten a hydoddiant. Yn ogystal, ystyrir agweddau pellach ar ecwilibria, gan gynnwys cyfrifiadau sy'n cynnwys K_p a K_c ac agweddau mwy dyrys ar ecwilibria asid-bas, a ddechreuwyd yn Nhestun 9. Cynhwysir yma defnyddir meintiol K_a, $K_{dŵr}$ a pH.

MODWL CH5

TESTUN 18 RHYDOCS

18.1 Rhydocs. Trosglwyddo electronau: ocsidiad a rhydwythiad. Cyflwr ocsidio.

18.2 Hanner hafaliadau ïon/electron.

18.3 Systemau electrodau, gan ddefnyddio'r enghreifftiau hyn: Cu^{2+}(d)|Cu(s); Zn^{2+}(d)|Zn(s); H^+(d)|H_2(n) Pt; Fe^{3+}(d), Fe^{2+}(d)|Pt; MnO_4^- (d), Mn^{2+}(d)|Pt; X_2(n)|2X^- (d). (X = Cl^-, Br^-, I^-).

18.4 Adweithiau rhydocs a photensialau electrodau. Celloedd. Potensialau electrod safonol, $E^\ominus$; y defnydd a wneir ohonynt i ragfynegi dichonoldeb adweithiau penodol. Echdynnu metelau.

18.5 Adweithiau rhydocs, gan ddefnyddio'r enghreifftiau hyn: $Cr_2O_7^{2-}$ gyda Fe^{2+}; MnO_4^- gydag Fe^{2+}; I_2 gydag $S_2O_3^{2-}$ a'r defnydd a wneir ohono i ddarganfod Cu^{2+}; a'r titradau cysylltiedig.

Canlyniadau dysgu **Testun 18**

Dylai ymgeiswyr allu:

(a) disgrifio rhydocs yn nhermau trosglwyddo electronau, defnyddio cyflyrau ocsidio (rhifau) i benderfynu pa rywogaethau a gafodd eu hocsidio a pha rai gafodd eu rhydwytho mewn adwaith rhydocs;

(b) ysgrifennu hanner hafaliadau ïon-electron ar gyfer adweithiau rhydocs y darperir gwybodaeth stoichiometrig ar eu cyfer, a defnyddio data titradu a data eraill i wneud cyfrifiadau priodol;

(c) dwyn i gof a defnyddio'r adweithiau rhydocs a nodir yn 18.3 ac 18.5 uchod, gan gynnwys y newid lliw priodol a'r hanner hafaliadau ïon/electron, a defnyddio data titradu a data eraill i wneud cyfrifiadau;

(ch) disgrifio'r defnydd o $Cr_2O_7^{2-}$ fel ocsidydd, gan gynnwys yr hanner hafaliad ïon/electron priodol ar gyfer trawsnewid $Cr_2O_7^{2-} \rightarrow Cr^{3+}$, adwaith rhyngdrawsnewid $Cr_2O_7^{2-} \rightleftharpoons CrO_4^{2-}$ a chofio lliwiau'r holl rywogaethau a restrir uchod;

(d) disgrifio'r adwaith rhydocs rhwng Cu^{2+} ac I^- a darganfod yr ïodin rhydd ag $S_2O_3^{2-}$;

(dd) gwerthfawrogi ystod eang iawn yr achosion o brosesau rhydocs mewn cemeg;

(e) disgrifio celloedd electrocemegol syml gydag
(i) electrodau metel/ïon metel a
(ii) electrodau yn seiliedig ar wahanol gyflyrau ocsidiad yr un elfen;

(f) esbonio a defnyddio'r term potensial safonol electrodau, yn arbennig
(i) defnyddio'r electrod hydrogen safonol yn 18.3 i ddarganfod potensialau safonol electrodau,
(ii) i gyfrifo potensialau safonol celloedd a ffurfir drwy gyfuno gwahanol electrodau a
(iii) rhagfynegi dichonoldeb adweithiau penodol;

(ff) dangos ymwybyddiaeth bod prosesau electrod yn cynrychioli ocsidiadau a rhydwythiadau.

TESTUN 19 CEMEG BLOC-*S*: GRWPIAU I A II

19.1 Tueddiadau yn y bloc-*s*: adweithiau'r elfennau (Li - Cs) gyda dŵr, eu hocsidau normal a'u hydrocsidau. Profion fflam.

19.2 Y gwahaniaethau mwyaf amlwg rhwng ymddygiad cyfansoddion Grŵp I a chyfansoddion Grŵp II.

Canlyniadau dysgu **Testun 19**

Dylai ymgeiswyr allu:

(a) dwyn i gof adweithiau'r elfennau (Li – Cs) gyda dŵr ac esbonio'r tueddiadau yn eu hadweithedd cyffredinol †;

(b) dwyn i gof, ar gyfer elfennau Grŵp I, fformiwlâu yr ocsidau (M_2O) a'r hydrocsidau (MOH) ac adweithiau'r ocsidau gyda dŵr †;

(c) dwyn i gof liwiau fflam yr elfennau Li, Na a K a sut y'u defnyddir mewn dadansoddi ansoddol;

(ch) gwerthfawrogi a deall cemeg y bloc – *s* fel cemeg sydd ar y cyfan yn nodweddiadol o ymddygiad ïonig a gwneud cymariaethau rhwng ymddygiad cyfansoddion Grŵp I a chyfansoddion Grŵp II fel y'u dangosir gan

- (i) hydoddedd llawer uwch y rhan fwyaf o gyfansoddion Grŵp I mewn dŵr,
- (ii) y gwahaniaethau ym modd dadelfennu thermol yr halwynau nitrad(V),
- (iii) sefydlogrwydd cyffredinol uwch yr hydrogencarbonadau yn Grŵp I.

(d) dwyn i gof ffurfiant a phriodweddau cemegol yr hydridau halwynog yng Ngrwpiau I a II.

Noder:
† Mae angen hafaliadau cemegol cytbwys.

TESTUN 20 CEMEG BLOC-*P*

20.1 Grŵp IV (C-Pb)

20.1.1 Newidiadau yn natur yr elfen i lawr y grŵp.

20.1.2 Effaith ïon y pâr anadweithiol yng Ngrwpiau III, IV a V. Sefydlogrwydd cymharol cyflyrau ocsidiad II a IV yng Ngrŵp IV.

20.1.3 Ocsidau a chloridau C, Si a Pb.

20.1.4 Adweithiau Pb^{2+}.

Canlyniad dysgu **Is-destun 20.1**

Dylai ymgeiswyr allu:

(a) disgrifio'r newid o elfennau anfetelaidd i elfennau metelaidd i lawr y grŵp;

(b) dangos eu bod yn gwybod am sefydlogrwydd cynyddol y pâr (ns^2) catïonau anadweithiol wrth symud i lawr Grwpiau III, IV a V;

(c) disgrifio'r newid yn sefydlogrwydd cymharol cyflyrau ocsidiad II ac IV i lawr Grŵp IV, priodweddau rhydwythol Sn^{2+}(d) a natur ocsidio Pb(IV), e.e. yr adwaith gydag asid hydroclorig crynodedig †;

(ch) dwyn i gof natur a phriodweddau ffisegol, asid-bas a rhydocs ocsidau C a Pb (CO, CO_2, PbO a PbO_2) priodweddau rhydwytho CO a phriodweddau ocsidio PbO_2 †;

(d) disgrifio'r mathau o fondio yng nghloridau C, Si a Pb a'u hadweithiau gyda dŵr †;

(dd) dwyn i gof adweithiau Pb^{2+}(d) gyda NaOH, Cl^-, I^- ac SO_4^{2-} †.

Noder:
† Mae angen hafaliadau cemegol cytbwys.

20.2 Grŵp VII (Cl, Br ac I yn unig)

20.2.1 Tueddiadau ac adweithiau dadleoli y grŵp.

20.2.2 Adwaith halidau sodiwm gydag H_2SO_4 crynodedig.

20.2.3 Cyflyrau ocsidiad yr halogenau mewn ocsiasidau a'u hanïonau. Adwaith Cl_2 gyda NaOH(d).

20.2.4 Cyfansoddion halogen ym myd masnach a diwydiant.

Canlyniadau dysgu **Is-destun 20.2**

Dylai ymgeiswyr allu:

(a) esbonio tueddiadau a dadleoliadau'r grŵp yn nhermau eu safle yn y Tabl Cyfnodol a gwerthoedd $E^\ominus$;

(b) dwyn i gof fodolaeth Cl ac I yng nghyflyrau ocsidiad –I, +I a +V (a'r fformiwlâu ClO^-, ClO^-_3 ac IO^-_3) ynghyd ag adwaith clorin, Cl_2, gyda NaOH dyfrllyd a'r adweithiau dadgyfraniad amrywiol dan sylw;

(c) dwyn i gof ymddygiad halidau sodiwm gydag asid sylffwrig crynodedig (ffurfiant HX a'r adweithiau sy'n ei ddilyn, y cynhyrchion a'u cyflyrau ocsidiad) ac esbonio'r gwahaniaethau yn nhermau gwerthoedd $E^\ominus$;

(*Nid oes angen hafaliadau*)

(ch) dangos gwybodaeth o'r berthynas rhwng effaith gannu ac effaith facterioleiddiol Cl_2 a chlorad(I) (ClO^-) a'u pŵer ocsidio a'r defnydd a wneir o glorad(V) fel chwynladdwr;

(d) dangos dealltwriaeth o gemeg Grŵp VII yn nhermau (i) yr electronegatifedd gostyngol, a (ii) sefydlogrwydd cynyddol y cyflyrau ocsidiad uwch (e.e. IO^-_3 o gymharu â ClO^-_3), wrth symud i lawr y grŵp;

(dd) dangos ymwybyddiaeth o'r ystod eang iawn o gyfansoddion sy'n cynnwys halogen sydd o bwys masnachol a diwydiannol.

TESTUN 21 ELFENNAU TROSIANNOL

21.1 Ffurfwedd electronol elfennau bloc *d* o Sc i Zn.
Elfennau trosiannol. Priodweddau cyffredinol. Cyflwr ocsidiad newidiol. Pŵer catalytig.

21.2 Ffurfiant cymhlygion a siapiau rhywogaethau o'r fath. Ïonau lliw. Adwaith catïonau mewn hydoddiant gydag NaOH(d).

21.3 Pwysigrwydd diwydiannol a biolegol.

Canlyniadau dysgu **Testun 21**

Dylai ymgeiswyr allu:

(a) dwyn i gof bod gan yr elfennau trosiannol (ac eithrio Cu) orbitalau-*d* sydd wedi'u llenwi'n rhannol a gallu darganfod ffurfwedd electronol unrhyw ïon metel trosiannol yn y rhes gyntaf gan ddefnyddio Tabl Cyfnodol;

(b) dwyn i gof bod electronau 4*s* yn cael eu colli'n haws nag electronau 3*d* wrth ffurfio ïonau;

(c) esbonio pam bod cyflyrau ocsidio amrywiol yn bosibl mewn elfennau trosiannol;

(ch) dwyn i gof bod metelau trosiannol a'u cyfansoddion yn aml yn gatalyddion da, rhoi enghraifft, ac esbonio hyn yn nhermau plisg-*d* rhannol llawn a chyflyrau ocsidio newidiol;

(d) dwyn i gof bod y rhan fwyaf o gymhlygion yn cael eu ffurfio rhwng ïonau metelau trosiannol a ligandau, a bod gan y rhan fwyaf o'r rhain liw,

e.e. $[Cr(H_2O)_6]^{3+}$, $[Cu(H_2O)_6]^{2+}$, $[Cr(NH_3)_6]^{3+}$, $[FeCl_4]^-$, $[Fe(CN)_6]^{4-}$;

(dd) disgrifio siâp, bondio, lliw a fformiwlâu'r ïonau cymhleth sydd fwy neu lai'n wythochrog $[Cu(H_2O)_6]^{2+}$, $[Cu(NH_3)_4(H_2O)_2]^{2+}$ a'r ïon sydd fwy neu lai'n detrahedrol $[CuCl_4]^{2-}$;

(e) (i) esbonio tarddiadau lliw mewn cymhlygion metelau trosiannol ac egluro hyn yn ansoddol ar gyfer rhywogaethau 6-cyfesuryn wythochrog, yn nhermau hollti'r orbitalau-*d* dan sylw, a
(ii) dangos dealltwriaeth o ganlyniadau sbectrosgopig (i) uchod ac esbonio bod lliwiau cymhlygion metelau trosiannol o'r fath yn ganlyniad trosiadau *d-d* rhwng y lefelau orbitalau-*d* hollt, mewn llawer o achosion *;

(f) disgrifio adweithiau Cr^{3+}, Fe^{2+}, Fe^{3+}, Cu^{2+}, a Zn^{2+} gyda gormodedd o OH^- †;

(ff) dangos ymwybyddiaeth o bwysigrwydd economaidd metelau trosiannol a'u pwysigrwydd fel elfennau hybrin mewn systemau byw, a rhoi un enghraifft o bwysigrwydd economaidd ac un enghraifft o bwysigrwydd elfennau hybrin.

Noder:
† Mae angen hafaliadau cemegol cytbwys.
* *Mae'r model electrostatig syml yn ddigonol i roi cyfrif am holltiad yr orbital-d. Dylai ymgeiswyr fod yn gallu dyrannu electronau'n briodol i'r orbitalau-d hollt gan ddefnyddio'r dechneg saethau mewn blychau (1(h)), ond ni fydd angen rhoi ystyriaeth i'r ffactorau sy'n arwain at ymddygiad sbin uchel neu isel.*

TESTUN 22 CYFNODEDD

Mae'r testun hwn yn ymwneud yn bennaf â'r tueddiadau yn ymddygiad elfennau a chyfansoddion oherwydd eu safle o fewn y Tabl Cyfnodol.

22.1 Electronegatifeddau, rhydocs, priodweddau asid-bas, adweithiau'r elfennau gydag ocsigen, clorin a dŵr. Tueddiadau ar draws cyfnodau. Ymddygiad cloridau tuag at ddŵr.

22.2 Mwyafswm cofalens.

22.3 Ymddygiad ïonig neu gofalent, natur fetelig neu anfetelig a natur amffoterig.

22.4 Rhywogaethau â diffyg electronau yng Ngrŵp III.

22.5 Tueddiadau yn y bloc-*s*: adweithiau'r elfennau (Li - Cs) gyda dŵr, ocsidau normal a hydrocsidau. Profion fflam.

Canlyniadau dysgu: **Testun 22**

Dylai ymgeiswyr allu:

(a) gwerthfawrogi bod electronegatifeddau yn gyffredinol yn cynyddu o'r chwith i'r dde ar draws cyfnod ac yn lleihau wrth symud i lawr grŵp, fel bod elfennau ochr dde uchaf y Tabl Cyfnodol yn tueddu i fod yn ocsidyddion a'r rhai ar ochr chwith isaf yn rhydwythyddion (cymh. 3.1 (f));

(b) gwerthfawrogi bod ocsidau'r elfennau yn tueddu i droi'n fwy asidig o'r chwith i'r dde ar draws cyfnod a bod ocsidau a chloridau yn yr un modd yn tueddu i droi'n fwy cofalent o'r chwith i'r dde ar draws cyfnod (cymh. 5.1 (c));

(c) dwyn i gof a deall adweithiau'r canlynol, os oes adwaith
(i) ocsigen gyda'r elfennau Na i S †,
(ii) clorin gyda'r elfennau Na i S †,
(iii) dŵr gyda'r elfennau Li i Ar †;

(ch) dwyn i gof a deall adweithedd cloridau'r elfennau Na i S tuag at ddŵr, yn arbennig wrth adlewyrchu'r duedd gynyddol i fynd yn fwy cofalent wrth symud ar draws y cyfnod hwn †;

(d) dangos eu bod yn deall pam y mae'r nifer mwyaf o barau electron a all amgylchynu atom canolog yn fwy yn Rhes 3 (Na-Ar) nag yn Rhes 2 (Li-Ne);

(dd) dangos gwybodaeth o'r berthynas rhwng natur amffoterig a bondio ïonig neu gofalent, ymddygiad metelig neu anfetelig ac electronegatifedd;

(e) dwyn i gof, deall a rhesymoli nifer y bondiau cofalent mewn cyfansoddion Be;

(f) dwyn i gof bod natur amffoterig i'w weld yn bennaf yn yr ardal sy'n cynnwys yr elfennau Be, Zn, Al, Ga, In, Sn a Pb; dwyn i gof a deall enghreifftiau nodweddiadol o ymddygiad amffoterig ar gyfer yr elfennau Be, Zn, Al, Sn a Pb †;

(ff) deall natur systemau â diffyg electronau yng Ngrŵp III megis BF_3, BCl_3 ac $AlCl_3$ monomerig, y ffaith eu bod yn dderbynwyr electronau a'r rheswm dros ffurfiant hawdd y deumer Al_2Cl_6;

(g) gwerthfawrogi y gall Al fod â naill ai bondio ïonig yn bennaf neu fondio cofalent yn bennaf yn ei gyfansoddion;

Noder:
† Mae angen hafaliadau cemegol cytbwys.

TESTUN 23 CEMEG GINETIG

23.1 Cael a dadansoddi data am gyfraddau. Hafaliadau cyfradd. Cysonion cyfradd. Graddau adwaith. Dulliau arbrofol.

23.2 Defnyddio data cinetig wrth ddarganfod mecanwaith adwaith.

Canlyniad dysgu **Testun 23**

Dylai ymgeiswyr allu:

(a) disgrifio'n fras yr amrywiaeth o ddulliau ar gyfer astudio cineteg adweithiau e.e. adwaith y cloc ïodin, lliwfesuriaeth a thechnegau sbectrosgopig eraill, newidiadau gwasgedd a chyfaint;

(b) cyfrifo cyfraddau o ddata rhifiadol neu graffigol (gan gynnwys lluniadu tangiadau i gromliniau crynodiad-amser);

(c) dwyn i gof a chymhwyso'r hafaliad cyfradd cyffredinol, sef cyfradd $= k[A]^m [B]^n$, diffinio cyfradd, cysonyn cyfradd a gradd adwaith, a rhoi unedau cysonion cyfradd hyd at, ac yn cynnwys, yr ail radd;

(ch) (i) cyfrifo graddau adwaith integrol (0, 1 neu 2) ar sail data cyfradd a roddir;
(ii) gwerthfawrogi mai dim ond drwy fesur cyfraddau y gellir darganfod graddau adwaith ac nid o hafaliadau stoichiometrig;

(d) gwahaniaethu'n glir rhwng cyfradd ac ecwilibriwm a rhwng effeithiau newidiadau mewn tymheredd ar gyfraddau ac ar y safle ecwilibriwm (cymh. Testun 24);

(dd) esbonio a defnyddio'r cysyniad o gam penderfynu cyfradd;

(e) diddwytho'r gineteg a fyddai'n berthnasol i fecanwaith a awgrymir neu, i'r gwrthwyneb, awgrymu mecanwaith sy'n gyson â gradd adwaith a benderfynwyd neu a roddwyd mewn achosion syml, a dangos dealltwriaeth o'r ffordd y gall tystiolaeth ginetig ategu mecanwaith arfaethedig.

TESTUN 24 NEWIDIADAU EGNI AC ECWILIBRIA

24.1 Newidiadau enthalpi wrth ffurfio a thorri dellt. Newidiadau enthalpi hydoddiant. Cymhwyso Deddf Hess (cylchred Born-Haber) at ffurfiant cyfansoddion ïonig syml.

24.2 Triniaeth feintiol o ecwilibria nwyon a hydoddiannau, gan gynnwys defnyddio K_p a K_c.

24.3 Damcaniaeth Lowry-Brønsted; asidau a basau cryf a gwan.

Cysonion daduniad asidau gwan, K_a

Diffiniad pH, cyfrifiadau pH, proffiliau pH a thitradiadau asid-bas.

24.4 Hydoddiannau byffer; hydoddiannau halwyn. Dangosyddion a sut y'u defnyddir.

Canlyniad dysgu **Testun 24**

Dylai ymgeiswyr allu:

(a) deall a defnyddio'r termau newid enthalpi atomeiddiad, ffurfio a thorri dellt, hydradiad a hydoddiant (nid oes angen diffiniadau ffurfiol);

(b) esbonio'r cysylltiad rhwng newidiadau enthalpi hydoddiant ac enthalpïau torri dellt ac enthalpïau hydradiad yr ïonau;

(c) dangos dealltwriaeth o'r ffordd y mae hydoddeddau solidau ïonig mewn dŵr yn dibynnu ar y cydbwysedd rhwng yr enthalpïau torri dellt ac enthalpïau hydradiad yr ïonau;

(ch) cymhwyso Deddf Hess (cylch Born-Haber) at ffurfiant cyfansoddion ïonig syml a gwneud cyfrifiadau priodol (rhoir y data angenrheidiol);

(d) sylweddoli mai'r cyfansoddion ïonig mwyaf sefydlog fydd y rheini a gaiff eu ffurfio fwyaf ecsothermig o'u helfennau;

(dd) cyfrifo gwerthoedd K_p a K_c, neu feintiau sy'n bresennol ar ôl cyrraedd ecwilibriwm, o gael data priodol (ni fydd angen trin ffracsiwn môl na gradd ddaduno);

(e) dangos y gallu i ddefnyddio gwerthoedd K_p a K_c a roddir neu a gyfrifwyd i amcangyfrif yn ansoddol leoliad safle ecwilibriwm system;

(f) deall a chymhwyso damcaniaeth asidau a basau Lowry-Brønsted (wedi'i chyfyngu i hydoddiannau dyfrllyd);

(ff)	dwyn i gof ddiffiniad pH a chyfrifo gwerthoedd pH o'r rheini sy'n perthyn i [H^+ (d)] ac i'r gwrthwyneb;
(g)	esbonio a defnyddio pH, $K_{\text{dŵr}}$ a K_a mewn cyfrifiadau'n asidau cryf a gwan, a defnyddio pH a $K_{\text{dŵr}}$ mewn cyfrifiadau'n ymwneud â basau cryf;
(ng)	dwyn i gof ffurfiau'r cromliniau titradiadau asid-bas ar gyfer y systemau: asid cryf / bas cryf (e.e. HCl NaOH), asid cryf / bas gwan (e.e. HCl/NH_3) ac asid gwan / bas cryf (e.e. $CH_3COOH/NaOH$), gan esbonio'r rhain yn nhermau cryfderau priodol yr asid a'r bas;
(h)	deall sut y mae hydoddiannau byffer yn gweithio, gan ddefnyddio'r system CH_3COONa/ CH_3COOH yn enghraifft, gwerthfawrogi eu pwysigrwydd, a gwneud cyfrifiadau pH priodol;
(i)	dwyn i gof ac esbonio'n ansoddol werthoedd pH nodweddiadol ar gyfer hydoddiannau'r halwynau NaCl, CH_3COONa ac NH_4Cl;
(l)	deall sut y mae dangosydd yn gweithio a dewis dangosyddion addas ar gyfer titradiadau asid-bas penodol, o gael gwerthoedd pH priodol.

Testun 18 Rhydocs

Cafwyd eglurhad yn Nhestun 5 o Fodwl CH1 ar natur prosesau rhydocs a chyflwynwyd y syniad o rifau (neu gyflyrau) ocsidiad. Mae prosesau o'r fath yn golygu trosglwyddiad dwyffordd o electron (neu electronau), a phwysig felly yw cofio bod ocsidio un rhywogaeth yn golygu y bydd un arall yn cael ei rhydwytho, tra bo rhydwytho un rhywogaeth yn ocsidio un arall. Yng nghanlyniadau dysgu (a) – (dd) y pwynt pwysicaf yw y dylid cadw golwg ar nifer yr electronau a drosglwyddir yn ystod prosesau o'r fath ac yn ystod trawsnewid elfen benodol o un cyflwr ocsidiad i un arall. Yng nghanlyniadau dysgu (e) i (ff) fe symudir y pwyslais ychydig at roi sylw uniongyrchol i werthoedd potensial yr electrodau sy'n gysylltiedig â throsglwyddiadau electronau o'r fath. [Gweler yr atebion enghreifftiol i bapurau blaenorol (Cyhoeddiadau RND) am enghreifftiau o'r gwaith cyfrifo sy'n seiliedig ar y canlyniadau hyn.]

(a) Ar gyfer y canlyniad hwn, dylai'r myfyrwyr fod yn hollol gyfarwydd â'r cyfarwyddyd a roddwyd ar gyfer Modwl CH1, Testunau 5.1 (f) ac (ff) a 5.2 (g) i (i).

(b) Pan roddir gwybodaeth am stoichiometreg proses rhydocs, fe ddylai'r myfyrwyr allu ysgrifennu hanner hafaliad ïon/electron i gynrychioli proses ocsidio neu rydwytho o'r fath. Er enghraifft, os dywedir wrth fyfyrwyr y gall yr anïon ethandeuoad weithredu fel cyfrwng rhydwytho a bod un anïon ethandeuoad ($C_2O_4^{2-}$) yn ystod y broses yn cynhyrchu dau foleciwl o CO_2, fe ddylent wedyn allu ysgrifennu'r hanner hafaliad

$$C_2O_4^{2-} - 2e^- \rightarrow 2CO_2 .$$

Fe ddylent wedyn allu cyfuno hyn naill ai â hanner hafaliad penodol am adweithydd arall (cyfrwng ocsidio yn y fan hyn) neu â hanner hafaliad tebyg o'r rhestr o'r rhai y mae'n ofynnol iddynt eu cofio. (Gweler (c) ac (ch) isod.) Yn achos yr enghraifft a roddir uchod byddai disgwyl iddynt allu cofio

$$MnO_4^- + 8H^+ + 5e^- \rightarrow Mn^{2+} + 4H_2O$$

(gweler (c), isod) a'i gyfuno â

$$C_2O_4^{2-} - 2e^- \rightarrow 2CO_2$$

i roi $$2MnO_4^- + 5C_2O_4^{2-} + 16H^+ \rightarrow 2Mn^{2+} + 10CO_2 + 8H_2O$$

a diddwytho felly y byddai dau foleciwl o MnO_4^- yn adweithio â phum môl o $C_2O_4^{2-}$ a chwblhau cyfrifiadau ar sail hynny.

Yn yr un modd, os rhoddir hafaliad fel:

$$Sn^{2+} + 2Fe^{3+} \rightarrow 2Fe^{2+} + Sn^{4+}$$

fe ddylai'r myfyrwyr allu ei wahanu'n ddau hanner hafaliad ïon/electron

ar y ffurf $Fe^{3+} + e^- \rightarrow Fe^{2+}$

ac $Sn^{2+} - 2e^- \rightarrow Sn^{4+}$

Fel enghraifft olaf, fe ddylai'r myfyrwyr allu defnyddio:

$$Cr_2O_7^{2-} + 14H^+ + 6e^- \rightarrow 2Cr^{3+} + 7H_2O$$

o (ch), isod, ar y cyd ag

$$Fe^{3+} + e^- \rightarrow Fe^{2+} \quad \text{(o (c), isod)}$$

i gael

$$Cr_2O_7^{2-} + 6Fe^{2+} + 14H^+ \rightarrow 2Cr^{3+} + 6Fe^{3+} + 7H_2O$$

a diddwytho felly y bydd un môl o $Cr_2O_7^{2-}$ yn adweithio â chwe môl o Fe^{2+}.

Felly, y prif bwrpas o allu ysgrifennu hafaliadau ïon/electron priodol yw i fyfyrwyr wedyn allu diddwytho pa sawl môl o unrhyw gyfrwng ocsidio penodol fydd yn adweithio â pha sawl môl o gyfrwng rhydwytho penodol a defnyddio'r berthynas honno wedyn i wneud gwaith cyfrifo ar ditradu neu ddata eraill, naill ai ar sail alicwot cyfaint neu sampl màs, fel y bo'n briodol.

(c) Dylai'r myfyrwyr fod yn gyfarwydd â hafaliadau stoichiometrig ac ïon/electron ar gyfer yr adweithiau a restrir yng Nghynnwys 18.5, a gallu eu cofio a'u hysgrifennu. Felly yn achos adwaith manganad(VII), MnO_4^-, â haearn(II), Fe^{2+}, mewn hydoddiant asid, mae angen :

$$MnO_4^{2-} + 8H^+ + 5e^- \rightarrow Mn^{2+} + 4H_2O$$

$$Fe^{2+} - e^- \rightarrow Fe^{3+}$$

ac $MnO_4^- + 5Fe^{2+} + 8H^+ \rightarrow Mn^{2+} + 5Fe^{3+} + 4H_2O$

gan brofi drwy hynny y bydd un môl o MnO_4^- yn adweithio â phum môl o Fe^{2+}.

Dylai'r myfyrwyr fod yn ymwybodol hefyd, pryd y caiff samplau o hydoddiannau Fe^{2+} eu titradu yn erbyn hydoddiant MnO_4^-, y bydd lliw porffor-pinc yr olaf, wrth ychwanegu'r hydoddiant Fe^{2+}, yn cael ei ryddhau nes bydd y MnO_4^- yn bresennol mewn gormodedd.

Yn yr un modd, yn achos adwaith ïodin, I_2, ag ïon thiosylffad, $S_2O_3^{2-}$, bydd angen:

$$I_2 + 2e^- \rightarrow 2I^-$$

$$2S_2O_3^{2-} - 2e^- \rightarrow S_4O_6^{2-}$$

ac $I_2 + 2S_2O_3^{2-} \rightarrow S_4O_6^{2-} + 2I^-$

gan brofi drwy hynny y bydd un môl o I_2 yn adweithio â dau fôl o $S_2O_3^{2-}$.

Yn y fan hyn, fe ddylai'r myfyrwyr fod yn ymwybodol hefyd fod y titradiadau'n cael eu cyflawni fel arfer drwy ychwanegu hydoddiant thiosylffad at hydoddiannau sy'n cynnwys ïodin mewn gormodedd o botasiwm ïodid, fel bod lliw melyn-brown yr hydoddiant ïodid yn cael ei allyrru'n llwyr yn y diweddbwynt. Gan fod lliw'r ïodin yn mynd yn wan iawn ar wanediad uchel, fe ychwanegir dangosydd starts yn agos i'r diweddbwynt, ac mae'n ffurfio lliwiad glas indigo tywyll gydag ïodin sy'n mynd yn ddi-liw yn y diweddbwynt pryd y mae'r cwbl o'r ïodin wedi adweithio â'r ïon thiosylffad a ychwanegwyd.

Gellir defnyddio'r titradiad hwn hefyd i amcangyfrif y cyfaint o gopr sy'n bresennol ar ffurf Cu^{2+}, ac fe ddisgrifir hyn o dan ganlyniad dysgu (d), isod. Am ganlyniad (b), uchod, fe ddylai'r myfyrwyr allu defnyddio'r cydberthynasau rhwng molau cyfrwng ocsidio a molau cyfrwng rhydwytho i gyflawni cyfrifiadau gan ddefnyddio titradu neu ddata eraill, un ai ar sail alicwot cyfaint neu ar sail sampl màs, fel y bo'n briodol.

(ch) Fe ddylai'r myfyrwyr allu disgrifio'r defnydd o'r ïon deucromad(VI), $Cr_2O_7^{2-}$, mewn hydoddiant asid, fel cyfrwng ocsidio a gallu cofio a defnyddio'r hanner hafaliad ïon/electron

$$Cr_2O_7^{2-} + 14H^+ + 6e^- \rightarrow 2Cr^{3+} + 7H_2O$$

Dylent hefyd ddeall, yn y fan hyn, y bydd dau atom o Cr yng nghyflwr ocsidiad VI yn cael eu rhydwytho'n ddau atom yng nghyflwr ocsidiad III, ac am bob atom o Cr y ceir newid o dri electron. Wrth gwrs, fe ddylent hefyd allu cyfuno'r hanner hafaliad uchod â hanner hafaliadau addas am gyfryngau rhydwytho, naill ai o blith y rhai y mae'n ofynnol iddynt eu cofio neu â hafaliadau a roddir i'r diben hwn.

Felly fe ddylai'r myfyrwyr allu defnyddio'r hanner hafaliad uchod gydag $Fe^{2+} - e^- \rightarrow Fe^{3+}$ i roi'r hafaliad stoichiometrig

$$Cr_2O_7^{2-} + 6Fe^{2+} + 14H^+ \rightarrow 2Cr^{3+} + 6Fe^{3+} + 7H_2O$$

a defnyddio perthynas adwaith un môl o $Cr_2O_7^{2-}$ â chwe môl o Fe^{2+}.

Dylai'r myfyrwyr wybod hefyd fod gan yr anïon $Cr_2O_7^{2-}$ liw oren-brown tywyll mewn hydoddiant dyfrllyd ac y caiff ei rydwytho pan ddefnyddir ef fel cyfrwng ocsidio yn gatïon Cr^{3+} sydd â lliw gwyrdd tywyll mewn hydoddiant dyfrllyd.

Mae hefyd yn bwysig deall fod modd rhyngdrawsnewid yr anïonau, $Cr_2O_7^{2-}$ ac CrO_4^{2-}, yn rhwydd, a hynny ond trwy newid pH yr hydoddiant, yn unol â:

$$2CrO_4^{2-} + 2H^+ \rightarrow Cr_2O_7^{2-} + H_2O$$

a dylid sylweddoli NAD yw'r trawsffurfiad hwn yn adwaith rhydocs. Felly, yn CrO_4^{2-} ac $Cr_2O_7^{2-}$, fel ei gilydd, mae cromiwm yn bresennol ar ffurf Cr^{VI}.

Mewn hydoddiant dyfrllyd bydd CrO_4^{2-} yn rhoi lliw melyn llachar i'r hydoddiant: o'i asidio bydd hyn yn newid yn lliw oren-brown $Cr_2O_7^{2-}$, ond gellir cildroi hyn yn rhwydd drwy ychwanegu alcali yn unol ag:

$$Cr_2O_7^{2-} + 2OH^- \rightarrow CrO_4^{2-} + H_2O.$$

(d) Mater hawdd yw defnyddio'r adwaith rhydocs rhwng ïodin (I_2) a'r ïon thiosylffad ($S_2O_3^{2-}$), a ddisgrifir yn (c) uchod, i wneud amcangyfrif cyfeintiol o Cu^{2+} mewn hydoddiant dyfrllyd. Trwy hynny, pan ychwanegir ïon ïodid, I^-, at hydoddiant sy'n cynnwys Cu^{2+} nid CuI_2, copr(II) ïodid a gynhyrchir, fel y gellid disgwyl, ond copr(I) ïodid, Cu_2I_2, ac ïodin, I_2, yn unol â:

$$2Cu^{2+} + 4I^- \rightarrow Cu_2I_2 + I_2$$

Mae'n ymddangos nad yw copr(II) ïodid yn sefydlog a'i fod yn ymddatod fel y disgrifir uchod. Yn nhermau'r rhywogaethau sydd yn newid y cyflwr ocsidiad – oherwydd adwaith rhydocs yw hwn – gallwn ysgrifennu:

$$2Cu^{2+} + 2e^- \rightarrow 2Cu^+$$

a

$$2I^- - 2e^- \rightarrow I_2$$

sy'n rhoi

$$2Cu^{2+} + 2I^- \rightarrow 2Cu^+ + I_2$$

Trwy hynny, oherwydd yr ïon Cu^{2+}, fe newidir lliw glas llachar yr hydoddiant yn waddod llwydwyn oherwydd bod yma Cu_2I_2 mewn hydoddiant brown, o ganlyniad i I_2, sydd yn hydawdd i raddau mwy na KI. Wrth gwrs, gellir titradu'r ïodin a ryddhawyd yn y modd arferol yn erbyn ïon thiosylffad, fel y gellir penderfynu maint y Cu^{2+} yn yr hydoddiant.

O'r hafaliad uchod, bydd dau fôl o Cu^{2+}, o'u trin ag ïon ïodid, yn rhyddhau un môl o I_2, neu $2Cu^{2+} \equiv I_2$. O (c) fodd bynnag, bydd dau fôl o ïon thiosylffad, $S_2O_3^{2-}$, yn adweithio ag un môl o ïodin, neu $2S_2O_3^{2-} \equiv I_2$. Mae'n dilyn drwy hynny fod $2Cu^{2+} \equiv 2S_2O_3^{2-}$, neu $Cu^{2+} \equiv S_2O_3^{2-}$, fel bod nifer y molau o $S_2O_3^{2-}$ a ddefnyddir wrth ditradu'r ïodin a ryddheir yn gywerth â nifer y molau o Cu^{2+} yn y sampl a driniwyd.

(dd) Dylai'r myfyrwyr sicrhau unwaith eto eu bod yn hollol gyfarwydd â'r enghreifftiau a roddir yng Nghanllawiau Modwl CH1, Testunau 5.1 (f) ac (ff).

Yn y rhan o'r testun rhydocs yr ymdrinnir â hi yng nghanlyniadau (e) i (ff), nid y cysyniad rhydocs sylfaenol sy'n wahanol, ond y ffaith ein bod yn gallu gwahanu'r broses gemegol gyffredinol yn y tiwb prawf yn hanner adweithiau, y gellir eu hastudio ar wahân a'u cymharu. Fe wneir hyn trwy osod celloedd electrocemegol lle y gellir cymharu grymoedd cymharol y ddau hanner adwaith yn nhermau'r grym electromotif neu'r foltedd a gynhyrchir yn yr electrodau. Fel hyn gellir darganfod y potensialau electrod safonol ar gyfer y rhan fwyaf o hanner adweithiau fel bod gennym arf bwerus iawn i ragfynegi (ac i fesur mewn gwaith ar ôl Safon Uwch).

Mae'r holl werthoedd am botensialau electrod safonol yn gymharol â'r electrod hydrogen safonol, a gymerir yn sero, gan na ellir mesur un hanner cell ar wahân, ond nid yw hyn yn peri unrhyw broblem oherwydd bydd pwerau ocsidio neu rydwytho yn cael eu cymharu o hyd.

Er mai mater o wybodaeth cefndir yw hyn, fe ddylai'r myfyrwyr sylweddoli mor bwysig yw celloedd electrocemegol mewn technoleg – batrïau, celloedd tanwydd, electrolysis a synthesis electrocemegol ac ati.

(e) Ar gyfer canlyniad dysgu (e), mae angen y gallu i ddisgrifio a darlunio celloedd cyflawn syml a mesur eu potensialau. Dim ond dau electrod syml sy'n ofynnol, ynghyd â'r electrod hydrogen safonol (gweler (f) isod), a'r hyn a olygir wrth ran (ii) yw dau gyflwr ocsidiad ansero elfen fel Fe^{3+}/Fe^{2+}. Mewn achosion o'r fath, wrth gwrs, bydd electrod anadweithiol fel gwifren Pt yn cysylltu â'r hydoddiant i gymryd y potensial a gynhyrchir a chyflenwi neu dderbyn electronau.

(f) Mae'r eglurhad yn (f) yn cynnwys darlunio cell fel yr uchod gan gynnwys yr hanner cell y mae ei photensial electrod safonol i'w fesur a'r electrod hydrogen safonol y mae gofyn ei disgrifio'n llawn. Bydd y pwyntiau canlynol yn gymorth efallai i osgoi camgymeriadau wrth drin (ii) a (iii).

1. Ysgrifennir potensialau electrod safonol ar gyfer y broses rhydwytho,
   h.y. $M^+ + e^- \rightarrow M$ (gochelwch rhag rhai llyfrau Americanaidd sy'n eu hysgrifennu ar gyfer ocsidio). Os ydych yn ansicr, edrychwch ar yr arwydd ar werth eithafol. MAE PLWS YN GOLYGU Y BYDD YN MYND a *vice versa*, fel bod rhaid i +2.8 V am fflworin fod am $\frac{1}{2}F_2 + e^- \rightarrow F^-$, h.y. rhydwytho (yn mynd fel bom) ond rhaid i +2.7 V am sodiwm fod am $Na \rightarrow Na^+ + e^-$, h.y. ocsidio (hefyd yn mynd fel bom).
2. Nid oes modd i electronau ymddangos a diflannu felly rhaid i rydwythiad ddigwydd ar un hanner cell ac ocsidiad ar y llall. Bydd yr adwaith yn tueddu i fynd yn y cyfeiriad lle mae'r grym electromotif cyflawn yn bositif (cefndir NAD YW YN Y MAES LLAFUR – newid egni rhydd negatif) felly bydd yr hanner adwaith mwy positif yn gyrru'r un llai positif yn ei ôl.

   Er enghraifft

	$E^\ominus$
$Cu^{2+} + 2e^- \rightarrow Cu$	+ 0.34 V
$Ag^+ + e^- \rightarrow Ag$	+ 0.80 V

   Mae'r hanner cell Ag^+ yn gyrru'r hanner cell Cu yn ei hôl fel bod

   $2Ag^+ + Cu \rightarrow 2Ag + Cu^{2+}$, a $E^\ominus = (0.80) - (0.34) = +0.46$ V.

   Trwy hynny bydd yr Ag^+ yn ocsidio'r $Cu \rightarrow Cu^{2+}$ ac fe'i rhydwythir yntau yn Ag.

   Mae'r rheol wrthglocwedd yn gweithio'n dda, h.y. os rhestrir y potensialau electrod safonol ar gyfer rhydwytho mewn trefn bositif gynyddol bydd y broses is (mwy positif) yn gyrru unrhyw broses uwch ei phen yn ei hôl.
3. Nid yw nifer yr electronau'n effeithio ar y potensialau ond rhaid eu hystyried er mwyn cydbwyso'r hafaliad fel uchod.
4. Gwyliwch yr arwyddion – defnyddiwch gromfachau – gan fod llawer o botensialau electrod safonol yn negatif,

   e.e.

	$E^\ominus$
$Fe^{2+} + 2e^- \rightarrow Fe$	– 0.44 V
$Ag^+ + e^- \rightarrow Ag$	+ 0.80 V,

   yn rhoi

   $2Ag^+ + Fe \rightarrow 2Ag + Fe^{2+}$, $E^\ominus = (0.80) - (-0.44) = +1.24$ V

5. Dim ond gwerthoedd safonol y bydd rhaid eu defnyddio, h.y. nid yw effeithiau crynhoi hafaliad Nernst yn y maes llafur. Fodd bynnag, fe ddylai'r ymgeiswyr allu cymhwyso cysyniadau Le Chatelier cyffredinol (Testun 9) mewn modd meintiol at y systemau hyn.
6. Mae proses yn ddichonadwy os yw potensial cyffredinol y gell yn bositif, ond mae angen egluro hyn. Mater o ecwilibriwm yw potensialau ac nid oes a wnelont ddim â chyfradd unrhyw adwaith. Er enghraifft, fe ddylem gael ein llosgi'n CO_2 ac yn H_2O gan ocsigen pryd bynnag yr awn i nofio, yn ôl gwerthoedd potensial electrodau. Mae rhai llyfrau'n awgrymu y bydd adwaith yn mynd os yw $E^\ominus$ yn fwy na +0.3 V ond nid yw hynny'n dal dŵr mewn gwirionedd. Byddai hyd yn oed +0.1 V yn rhoi gwerth K eithaf mawr. Y peth gorau i'w ddweud yw y bydd ecwilibriwm ar yr ochr dde os yw $E^\ominus$ yn bositif i'r gell.

   Ceir un cyfiawnhad am yr uchod, sydd yn bendant Y TU HWNT I'R MAES LLAFUR, yn yr hafaliad $E^\ominus = 0.059/z \times \log_{10}K$, fel bod +0.118 V yn rhoi $K = 100$.
7. Y pwynt olaf yw bod y pŵer ocsidio neu rydwytho yn gwbl gymharol, e.e. mae'r system Br_2/Br^- ($E^\ominus$ = 1.07 V) yn gyfrwng ocsidio i I_2/I^- ($E^\ominus$ = 0.54 V) ond yn gyfrwng rhydwytho i Cl_2/Cl^- ($E^\ominus$ = 1.36 V).

Cyfeiriwyd eisoes at yr electrod hydrogen safonol, (f) (ff). Mae arnom angen cyfeiriad safonol gan na ellir mesur potensial absoliwt system electrod, dim ond potensial cell gyfan. Felly rydym yn rhoi gwerth mympwyol i'r electrod hydrogen safonol, sef 0.00 V o dan amodau safonol (sef crynodiad H^+(d) = 1 môl dm^{-3}, tymheredd = 298 K a gwasgedd H_2(n) = 1 atmosffer). Golyga hyn fod y foltedd a fesurir ar gyfer y gell gyfan, sy'n cynnwys yr electrod hydrogen safonol a'r system electrod arall, yn cael ei ddyrannu i'r system honno. Adeiledir ein tabl o werthoedd potensial electrod safonol felly a bydd yn rhoi'r potensial cell cywir ar gyfer unrhyw ddwy system electrod sy'n ffurfio'r gell, gan y cyfeirir y ddwy at yr electrod hydrogen safonol.

Er nad yw'n cael ei nodi yn y maes llafur newydd, efallai fod un testun sy'n gysylltiedig ag (f)(iii) o ddiddordeb, sef rhydwytho mwynau metelaidd; gweler hefyd Destun 20.1 (ch).

Mae mwynau metel yn ocsidau fel arfer neu fe'u trawsnewidir yn ocsidau, felly mae rhydwytho ocsid metel ïonig yn golygu proses fel $Fe^{2+} + 2e^- \rightarrow Fe$. Po fwyaf negatif fydd y gwerth $E^\ominus$ i'r rhydwythiad hwn, y mwyaf anodd fydd ei gyflawni ac fel arall, fel ei bod yn hawdd rhydwytho ocsidau Ag (SEP +0.80 V) a Cu (SEP +0.34 V) yn fetel, yn fwy anodd rhydwytho Fe (−0.44 V) a Zn (−0.76 V), tra bo rhydwytho Al (−1.66 V) ac Na (−2.7 V) mor anodd fel na ellir eu rhydwytho'n gemegol ac mae angen y pŵer rhydwytho diderfyn sydd gan electrolysis i wneud hynny. Sylwch fod 3 folt, a fyddai'n rhydwytho Na^+, yn ddamcaniaethol, megis dim o ran foltedd.

Un peth sy'n achosi anhawster, er nad oes raid i hynny gyfyngu ar ddefnyddioldeb y cysyniad, yw nad o hydoddiannau dyfrllyd y byddwn yn cael metelau gan mwyaf er mai dyna a wneir mewn rhai achosion fel Zn a Cd a hefyd wrth goethi Ag, Au, Cu ac ati sy'n amhur.

Os rhydwythir ocsid metel drwy ei wresogi â charbon (fel yn achos Fe) neu â metel mwy adweithiol (Al yn rhydwytho Cr_2O_3) fe allai'r potensial electrod safonol ymddangos yn amherthnasol braidd.

Yn Nhestun 6(e) fe ddefnyddiwyd y dull arall o gymharu enthalpïau ffurfio ocsid. Er na ellir cymharu'r rhain yn fanwl, maent yn dilyn yr un tueddiadau; po fwyaf negatif fydd y $\Delta H_f^{\ominus}$ i'r ocsid, y mwyaf fydd tuedd y metel i adweithio i ffurfio catïon, y mwyaf anodd fydd rhydwytho'r catïon hwnnw, a'r mwyaf negatif fydd y potensial electrod safonol (rhydwythiad). Mae'n amlwg na allwn ysgrifennu potensial electrod safonol synhwyrol i olosg ond mae'r rhestr a roddir yn dangos y tueddiadau cymharol.

	Al	Cr	Fe	Cu	Ag	Au
$\Delta H_f^{\ominus}$ (ocsid)/kJ môl^{-1}	– 1670	– 1128	– 266	– 155	– 31	+ 81
$E^{\ominus}$/V	– 1.66	– 0.74	– 0.44	+ 0.34	+ 0.80	+ 1.70

Felly, gan ddefnyddio'r naill neu'r llall o'r setiau data, bydd yr elfen â'r enthalpi mwyaf negatif wrth ffurfio ocsid, neu'r potensial electrod safonol mwyaf negatif wrth rydwytho, yn cymryd yr ocsigen oddi wrth yr elfen lai negatif, gan ei rhydwytho'n fetel, a chael ei ocsidio ei hun. Bydd gan y broses gyffredinol werth ΔH negatif, neu werth $E^{\ominus}$ positif, a bydd felly'n ddichonadwy. Felly gellir rhydwytho ocsidau'r elfennau ar ochr dde'r rhestr â'r rhai sydd ymhellach i'r chwith; ni ellir rhydwytho'r rhai ar y chwith yn gemegol, felly bydd angen electrolysis.

D.S. Er mwyn cysoni $\Delta H_f^{\ominus}$ ac SEP yn gyflawn bydd angen defnyddio cysyniadau am entropi ac egni rhydd ac nid oes raid gwneud hynny ar y lefel hon.

(ff) Mae'n sicr y bydd ymgeiswyr a weithiodd yn drwyadl trwy ganlyniadau (e) ac (f) yn ymwybodol o ganlyniad dysgu (ff)!

Testun 19 Cemeg Bloc-*s*

Mae'r Testun hwn yn ymdrin â sylfaen cemeg yr elfennau bloc-*s* ac, er mai ar Grŵp I y mae'r pwyslais mwyaf yma, y peth gorau yw ystyried cemeg y ddau Grŵp bloc-*s* gyda'i gilydd er mwyn gweld y darlun cyflawn. (Gweler hefyd Destun 5.2) Elfennau electropositif cryf a geir ym mloc-*s* yn bennaf ac mae'r rhain yn ffurfio cyfansoddion ïonig gan mwyaf. Yma eto, mae'r metelau eu hunain yn gyfryngau rhydwytho cryf, ar y cyfan, a bydd angen electrolysis ar halwynau tawdd y metelau er mwyn eu harunigo. Yn y ddau Grŵp fe welir y tueddiadau arferol o egni ïoneiddio disgynnol a natur electropositif cynyddol wrth fynd yn is yn y Grŵp. Yng Ngrŵp I, mae'r aelod cyntaf, Li, yn dangos rhai tueddiadau cofalent bychan iawn yn ei fondio, ond mae'n ïonig yn bennaf oll yn ei gyfansoddion. Gwelir tueddiad bychan tebyg tuag at gofalens yng Ngrŵp II yn achos Mg: er enghraifft, bydd hydoddiannau o'i halwynau, fel $MgCl_2$, yn dangos rhywfaint bach o hydrolysis halen, er mai nodweddion ïonig a welir yn bennaf oll o hyd. Hawdd felly fyddai ystyried ymddygiad aelod cyntaf Grŵp II, sef Be, yn gwbl anrheolaidd, i'r graddau fod y rhan helaethaf o'i gyfansoddion fel $BeCl_2$ a hyd yn oed yr ocsid, BeO, yn gofalent gan mwyaf yn eu bondio. Fe gaiff llawer o halwynau eu hydrolysu mewn hydoddiant a dim ond y fflworid, BeF_2, sydd â'r anïonau dichonadwy mwyaf electronegatif, y gellir ei ystyried yn ïonig yn bennaf yn ei fondio.
Ond camgymeriad fyddai hynny. Er mwyn ffurfio'r catïon Be^{2+} mae angen tynnu nid un, ond dau electron o atom bychan iawn, fel y byddem yn disgwyl i Be^{2+} bolaru'n gryf gan arwain felly at y tebygolrwydd y byddai llawer o gyfansoddion Be yn gofalent i raddau helaeth yn eu bondio. Mewn gwirionedd, gan gofio hyn, ni ddylid synnu at yr ymddygiad hwn yn Be, nac at ei duedd i ymddwyn yn amffoterig [gweler Testun 22(dd), (e) ac (f)], ac ar y cyfan mae ei batrwm adweithedd yn cydweddu'n eithaf da yng nghyd-destun y bloc-*s* yn ei gyfanrwydd – adweithedd cynyddol wrth fynd yn is yn y Grwpiau.
Serch hynny, ac eithrio Be, dylid deall cemeg yr elfennau bloc-*s* fel enghreifftiau o ymddygiad sy'n ïonig yn bennaf. Dylid gwerthfawrogi hyn yn arbennig mewn perthynas â chanlyniadau (a) – (d) yn Nhestun 24, a dylid annog myfyrwyr i sylweddoli hyn a chyflawni cyfrifiadau priodol gan ddefnyddio Deddf Hess a chylchredau Born-Haber ar gyfer rhywogaethau addas.

(a) Dylai'r myfyrwyr allu cofio'r adweithiau :

$$M^{I} + H_2O \rightarrow M^{I}OH + \tfrac{1}{2}H_2$$

ac

$$M^{II} + 2H_2O \rightarrow M^{II}(OH)_2 + H_2$$

ar gyfer Grwpiau I a II yn y drefn honno. Dylent fod yn ymwybodol fod adweithedd yr elfennau unigol yn cynyddu wrth fynd yn is yn y Grŵp, wrth i'r elfen fynd yn fwy electropositif.

Yng Ngrŵp I bydd yr holl elfennau'n adweithio â dŵr mewn oerni, ond yng Ngrŵp II dim ond Ca, Sr a Ba sy'n gwneud hynny. Yn achos Mg mae'r adwaith mewn oerni yn araf iawn, er bod y metel yn llosgi mewn ager, gan gynhyrchu'r ocsid yn unol ag $Mg + H_2O \rightarrow MgO + H_2$, ond ni fydd Be yn adweithio, hyd yn oed ag ager. Dylid cofio mai elfennau sy'n ymdoddi ar dymheredd eithaf isel yw'r rhai yng Ngrŵp I – Li, 180°; Na, 98°; K, 64°; Rb, 39°; Cs, 28° – a, gan fod eu hadwaith â dŵr yn mynd yn gryfach wrth fynd yn is yn y Grŵp, bydd yr holl fetelau hyn yn ymdoddi yn ystod adwaith o'r fath, ac eithrio Li; hefyd, oherwydd bod gan Na a K ddwyseddau o lai nag 1, fe fyddant yn arnofio ar yr wyneb ar ffurf globylau metelaidd yn ystod y broses. Fodd bynnag, mae gan elfennau Grŵp II, Ca, Sr a Ba, a fydd yn adweithio'n rhwydd â dŵr, i gyd ddwysedd o fwy nag 1, felly byddant yn suddo i'r gwaelod yn ystod yr adwaith, ac mae ganddynt dymereddau ymdoddi uwch o lawer na'r rhai sy'n cyfateb iddynt yng Ngrŵp I : Be, 1280°; Mg, 650°; Ca, 851°; Sr, 800°; Ba, 710°. Ni ddisgwylir i'r myfyrwyr gofio gwerthoedd union ond fe ddylent fod yn gyfarwydd â threfn maint y tymereddau ymdoddi yn y ddau Grŵp.

(b) Dylai'r myfyrwyr allu cofio fformiwlâu ocsidau arferol, $M^I{}_2O$, a hydrocsidau arferol, M^IOH, elfennau Grŵp I yn ogystal â fformiwlâu cyfansoddion cyfatebol elfennau Grŵp II (Testun 5.2.) Dylent wybod hefyd fod ocsidau elfennau Grŵp I i gyd yn adweithio a dŵr yn ôl $M^I{}_2O + H_2O \rightarrow 2M^IOH$, gyda rhwyddineb cynyddol wrth fynd i lawr y Grŵp.

Yn yr un modd, dylent gofio bod hydrocsidau pob elfen Grŵp I yn hydawdd yn rhwydd mewn dŵr (cymharer a gwrthgyferbynner Grŵp II, Testun 5.2) a'u bod yn fasau cryf, wrth gwrs.

(c) Dylai'r myfyrwyr wybod am liw fflamau o ganlyniad i Ca, Sr a Ba, fel y'u disgrifir o dan Destun 5.2(d), ynghyd â'r rhai sydd yn ganlyniad i Li, Na a K yng Ngrŵp I, gan gofio mai rhuddgoch, melyn-oren a lelog ydynt yn y drefn honno. Dylid hefyd allu cofio bod modd cynhyrchu lliw melyn-oren y fflam sy'n ganlyniad i Na trwy ddefnyddio meintiau bach iawn o'r elfen honno. Felly mae modd tynnu casgliadau cyfeiliornus yn yr achos hwn. Yn yr un modd, gwell fyddai edrych ar liw'r fflam drwy wydr cobalt sy'n amsugno'r lliw melyn-oren sy'n ganlyniad i unrhyw Na ond yn caniatáu gweld y lliw lelog gwannach sy'n ganlyniad i gyfansoddion K.

(ch) Dylai'r myfyrwyr werthfawrogi bod yr elfennau bloc-*s*, ac eithrio Be yng Ngrŵp II, yn dangos ymddygiad ïonig yn bennaf a dylent ddeall hyn yn nhermau'r cysyniadau a drafodwyd yn Nhestunau 5.1 a 22. Mae beryliwm, fodd bynnag, yn ffurfio llawer o gyfansoddion sy'n gofalent yn bennaf, yn enwedig yr ocsid, BeO, sydd hefyd yn dangos nodweddion amffoterig, ond ni ddylid ystyried hyn fel rhywbeth anrheolaidd; fe'i trafodir ymhellach yn Nhestun 22(e).

Mae rhai gwahaniaethau pwysig, fodd bynnag, rhwng ymddygiad cyfansoddion Grŵp I a rhai Grŵp II. Felly mae bron i bob cyfansoddyn Grŵp I yn hydoddi yn eithaf rhwydd mewn dŵr (ar wahân i LiF a Li_2CO_3, sy'n eithriadau prin oherwydd ffactorau yn ymwneud ag egni dellten) tra bo'r carbonadau yng Ngrŵp II i gyd yn anhydawdd, ac mae'r hydrocsidau a'r sylffadau yn dangos hydoddeddau amrywiol, fel a ddisgrifiwyd yn Nhestun 5.2(ch). (Gweler ymhellach Destun 24(b) ac (c).)

At hynny, yn wahanol i'r ymddygiad yng Ngrŵp II, mae dadelfeniad thermol nitradau Grŵp I, $M^{I}NO_3$ (M^{I} = Na, K, Rb, Cs), yn dilyn y patrwm $M^{I}NO_3 \rightarrow M^{I}NO_2 + \frac{1}{2}O_2$, a dim ond yn achos Li y mae'r adwaith yn adlewyrchu'r ymddygiad yng Ngrŵp II, $2LiNO_3 \rightarrow Li_2O + 2NO_2 + \frac{1}{2}O_2$; digwydd hyn hefyd oherwydd ystyriaethau egni dellten. Yn olaf, dylai'r myfyrwyr gofio'r ffaith bod hydrogencarbonadau elfennau Grŵp I, $M^{I}HCO_3$ (ac eithrio Li), yn fwy sefydlog o lawer ac, yn wahanol i hydrogencarbonadau elfennau Grŵp II [gweler Testun 5.2(dd)], y gellir eu harunigo fel solidau sefydlog.

(d) Tanlinellir cymeriad electropositif iawn yr elfennau bloc-*s* gan y ffaith y gellir cyfuno'r elfennau yn uniongyrchol i ffurfio hydridau halwynog â'r fformiwla gyffredinol $M^{I}H$ ac $M^{II}H_2$ gyda'r ddau Grŵp (M^{I} = Li, Na, K, Rb, Cs; M^{II} = Ca, Sr, Ba). Gellir dangos bod y rhain yn halwynau ïonig sy'n cynnwys yr anïon H^- oherwydd pan fyddant yn cael eu helectroleiddio ar ffurf dawdd, cynhyrchir hydrogen ar yr anod. Nid yw'n syndod felly eu bod yn rhydwythyddion cryf a'u bod yn adweithio â dŵr yn ôl

$$M^{I}H + H_2O \rightarrow MOH + H_2$$

ac

$$M^{II}H_2 + 2H_2O \rightarrow M(OH)_2 + 2H_2.$$

Testun 20 Cemeg Bloc-*p*

Gan nad oes amser i ymdrin â holl Grwpiau elfennau bloc-*p*, fe ganolbwyntir yma ar ddwy o'r rhain yn unig, fel rhai sy'n cynrychioli'r tueddiadau a welir yn y rhan hon o Dabl yr Elfennau. Felly, yng Ngrŵp IV, mae'r pwyslais ar y sefydlogrwydd cynyddol a welir yn y cyflwr ocsidiad is wrth fynd i lawr y Grŵp [gweler Testun 20.1 (b)], ond yng Ngrŵp VII y tueddiad cyntaf yw ffurfio anïonau yn eithaf rhwydd, wrth i'r elfennau fynd yn fwy electronegatif tuag at ochr dde Tabl yr Elfennau, ynghyd â sefydlogrwydd cynyddol yn y cyflyrau ocsidiad uwch (positif) wrth fynd yn is yn y Grŵp fel y mae'r natur electropositif yn cynyddu.

Testun 20.1: Grŵp IV

(a) Dylai'r myfyrwyr allu adnabod a disgrifio'r newid o natur anfetelaidd (yn C ac Si) i natur fetelaidd (yn Sn a Pb) wrth fynd yn is yn y Grŵp. Dylent hefyd allu cofio bod Ge yn rhyngol o ran y nodweddion hyn a'i fod yn cael ei ddisgrifio fel arfer yn feteloid (cymharer ag As ac Sb yng Ngrŵp V a Te yng Ngrŵp VI). Dylai'r myfyrwyr fod yn gyfarwydd hefyd â'r tueddiadau ym mhriodweddau ffisegol yr elfennau yn y Grŵp hwn, er enghraifft, y tymereddau ymdoddi: C, 3500°; Si, 1420°; Ge, 960°; Sn, 232° a Pb, 327°; er nad oes disgwyl iddynt allu ysgrifennu'r gwerthoedd hyn yn fanwl gywir. (Gweler hefyd ddiemwnt a graffit yn Nhestun 4 (dd).)

(b) Bydd y myfyrwyr eisoes yn gwybod bod yr holl elfennau yn y bloc-*s*, Grŵp I a Grŵp II, yn amlygu falens y Grŵp (+1 neu +2; I neu II) yn eu cyfansoddion. Yn yr un modd, bydd y ddwy elfen gyntaf yng Ngrŵp III, sef B ac Al, a'r ddwy gyntaf yng Ngrŵp IV, sef C ac Si, yn amlygu falens y Grŵp o III a IV yn rheolaidd. Yn y ddwy elfen gyntaf yng Ngrŵp V, sef N a P, fe welir eto falens y Grŵp (V), er bod rhai enghreifftiau yma o gyflyrau ocsidiad is.

Fodd bynnag, yn nhriawdau isaf Grwpiau III, IV a V, sef yn Ga, In a Tl, yn Ge, Sn a Pb, ac yn As, Sb a Bi, fe welir tuedd, sydd yn amlycach wrth fynd yn is yn y Grŵp, i gyflwr ocsidiad is fynd yn fwy sefydlog mewn cymhariaeth â falens y Grŵp. Felly, yng Ngrŵp III bydd y cyfansoddion unfalent (I) yn mynd yn fwy sefydlog na'r cyfansoddion trifalent (III), ac yng Ngrŵp IV bydd y rhywogaeth deufalent (II) yn mynd yn fwy sefydlog na'r systemau tetrafalent (IV), ac yn yr un modd bydd y cyflwr III yn mynd yn fwy sefydlog na'r cyflwr V yng Ngrŵp V.

Os ystyrir y cyflyrau ocsidiad is, sef I yng Ngrŵp III, II yng Ngrŵp IV a III yng Ngrŵp V, yn rhai ïonig o ran eu ffurf, mae'n golygu eu bod wedi colli un, dau neu dri electron *p* yn y drefn honno, gan adael catïon lle y mae'r pâr s^2 o electronau yn aros heb ei ïoneiddio, ac oherwydd hynny fe elwir y ffenomen hon yn effaith 'ïon pâr anadweithiol'. Ymdrinnir ag enghreifftiau penodol o'r effaith hon yn y Testun hwn ar gyfer Grŵp IV, gan roi sylw arbennig i ymddygiad Sn ac yn fwyaf penodol i Pb, ond mae'n bwysig i'r myfyrwyr sylweddoli bod yr effaith ïon pâr anadweithiol yn dylanwadu'n helaeth ar gemeg Grwpiau III a IV, ac mae'n bwysig hefyd yng Ngrŵp V: ond wedi hynny fe ddaw ystyriaethau eraill yn bwysicach tua diwedd bloc-*p*.

Mae'r rhesymau dros y sefydlogrwydd cynyddol hwn yn y cyflwr ocsidiad is yn rhai cymhleth. Maent yn ymwneud â gwahaniaethau mân iawn rhwng electronau *s* a *p* o ran eu dosbarthiad rheiddiol mewn gofod wrth i'r prif rif cwantwm, n, gynyddu, ond ni ddisgwylir y bydd myfyrwyr yn ymdrin â'r agwedd hon.

Er hynny, mae'n bwysig, yn achos Grŵp IV er enghraifft, eu bod yn gwybod, fel canllaw cyffredinol, fod Ge^{IV} yn fwy sefydlog na Ge^{II}, bod Sn^{IV} ac Sn^{II} yn debyg o ran sefydlogrwydd, a bod Pb^{IV} yn llawer llai sefydlog na Pb^{II}, a bod tueddiadau tebyg yng Ngrwpiau III a V. Mae'r cyflyrau ocsidiad is yn fwy tebygol hefyd, at ei gilydd, o ymdebygu i fondio ïonig: felly mae Tl^{+} a In^{+} yng Ngrŵp III yn ïonig gan mwyaf, yn yr un modd ag Sn^{2+} a Pb^{2+} yng Ngrŵp IV, ond yng Ngrŵp V mae'n bosibl mai ond Bi^{3+} y gellir ei ystyried yn ïonig.

Y pwynt pwysicaf, fodd bynnag, yw y dylai'r myfyrwyr fod yn ymwybodol fod y sefydlogrwydd cynyddol hwn yn y systemau pâr anadweithiol (ns^2) yn nodwedd gyffredinol o gemeg y tri Grŵp cyntaf (III, IV a V) ym mloc *p*. (Gweler ymhellach yn y Testun hwn.)

(c) Un o'r nodweddion pwysicaf yng nghemeg y Grŵp hwn yw'r gostyngiad yn sefydlogrwydd y cyflwr ocsidiad IV wrth fynd yn is yn y Grŵp a'r cynnydd cyfatebol yn sefydlogrwydd y cyflwr ocsidiad II. (Gweler Testun 21 (b) uchod – 'catïonau pâr anadweithiol'.) Felly, yn C, Si a Ge ni welir ond y cyflwr ocsidiad IV (ac eithrio CO) a hyd yn oed yn Ge fe welir tueddiad bychan i ffurfio cyflwr ocsidiad II. Yn Sn, fodd bynnag, mae gan Sn^{IV} ac Sn^{II} sefydlogrwydd tebyg, er ei bod yn amlwg mai natur rydwythol sydd gan Sn^{II}, ond yn Pb, mae'n amlwg mai cyflwr Pb^{II} yw'r mwyaf sefydlog a bod Pb^{IV} yn ocsidio'n gryf.

Felly, er enghraifft, mae PbO_2, lle y mae Pb yn Pb^{IV}, yn adweithio'n rhwydd pan gaiff ei wresogi ag asid hydroclorig crynodedig, yn unol â:

$$PbO_2 + 4HCl \rightarrow 2H_2O + PbCl_2 + Cl_2$$

gan ryddhau nwy clorin gwyrdd a chynhyrchu daliant gwyn o $PbCl_2$. Rhydocs yw hyn, wrth gwrs, ac mae'n cyfateb yn y bôn i

$$Pb^{IV} + 2e^- \rightarrow Pb^{II}$$

a $$2Cl^- - 2e^- \rightarrow Cl_2$$

neu $$Pb^{IV} + 2Cl^- \rightarrow Pb^{II} + Cl_2$$

(Gweler hefyd Sn^{2+} (Sn^{II}) fel rhydwythydd yn y Canllawiau, Testun 18(b).)

(ch) Yn y fan hyn, fe ddylid cofio natur a phriodweddau ffisegol asid-bas a rhydocs C a Pb, ac fe ddylai'r myfyrwyr gofio hefyd o Destun 5.1 (ch) ac (dd) fod SiO_2 yn ocsid asidig, a gallu cofio ei briodweddau. Felly, fe ddylid gwybod bod y nwy CO_2, sydd yn foleciwl arwahanol cofalent gan mwyaf, yn ocsid asidig, fod anhydrid H_2CO_3 yn asid carbonig, a bod PbO yn ocsid basig, a fydd, wrth gwrs, yn adweithio ag asidau yn y modd arferol i gynhyrchu halwyn plws dŵr yn unig. Disgrifiwyd priodweddau ocsidio PbO_2, sy'n nodweddiadol o Pb^{IV}, yn (c) uchod, ond mae'n werth sylwi ymhellach ar briodweddau rhydwytho CO (C^{II}).

Felly dylai'r myfyrwyr fod yn ymwybodol fod carbon monocsid yn ocsid niwtral â phriodweddau rhydwytho cryf. Dylent wybod hefyd am ei wenwyndra a'r hyn sy'n ei achosi (cyfuno â haemoglobin yn y gwaed). Dylid cofio hefyd mai'r ffordd i gynhyrchu carbon monocsid yw trwy losgi carbon mewn cyflenwad cyfyngedig o aer neu drwy fynd â CO_2 dros garbon wedi ei wresogi, yn unol ag:

$$C + CO_2 \rightleftharpoons 2CO$$

Mae'r adwaith hwn yn un endothermig ac felly, wrth i'r tymheredd gynyddu, bydd yr ecwilibriwm yn symud ymhellach i'r dde ac erbyn cyrraedd 1200°C mae'n cyfateb i bron 100% CO. Ar dymereddau is bydd yr ecwilibriwm yn symud tua'r chwith a gellir ystyried yr adwaith $2CO \rightarrow C + CO_2$ yn adwaith dadgyfraniad gan ei fod yn cyfateb i $2C^{II} \rightarrow C^{0} + C^{IV}$.

Fodd bynnag, mae carbon monocsid hefyd yn gyfrwng rhydwytho perffaith syml gan fod modd rhydwytho llawer o ocsidau metel yn fetel drwy wresogi llif o garbon monocsid, er enghraifft,

$$CuO + CO \rightarrow Cu + CO_2$$

ac, yn fwy cyfarwydd, yn y ffwrnais chwyth,

$$FeO + CO \rightarrow Fe + CO_2$$

ac $$Fe_2O_3 + 3CO \rightarrow 3CO_2 + 2Fe.$$

Sylwch na ellir rhydwytho pob ocsid metel fel hyn, o bell ffordd, ac ni fydd ocsidau â gwres ffurfio mwy negatif yn adweithio fel hyn, gan mai'r ffactor pwysicaf yn y fan hyn yw a ydyw $\Delta H^{\ominus}$ yn negatif ar gyfer yr adwaith. Felly, gellir rhydwytho CuO, FeO ac Fe_2O_3 fel hyn ond nid ZnO – bydd yr adwaith hwnnw yn symud yng nghyfeiriad

$$Zn + CO_2 \rightarrow ZnO + CO.$$

Mae'r gwerthoedd perthnasol o $\Delta H_f^{\ominus}$ i wirio hyn fel a ganlyn: (mewn kJ môl^{-1})

CuO	FeO	Fe_2O_3	ZnO	CO	CO_2
–155.3	–266.6	–822.6	–348.2	–110.6	–393.7

Dylai'r myfyrwyr nodi hefyd fod Pb^{IV} yn digwydd mewn llawer o rywogaethau heblaw PbO_2: er enghraifft, ar ffurf $PbCl_4$ (gweler (d) isod) ac ar ffurf halwynau anïon $PbCl_6^{2-}$, sy'n hydawdd mewn HCl crynodedig. Yn yr holl rywogaethau hyn mae Pb^{IV} yn ocsidio'n gryf ac, ymysg ocsidiadau eraill, bydd yn trawsnewid ïon ïodid yn ïodin a gellir ei amcangyfrif felly trwy ditradu'r ïodin a ryddheir yn erbyn anïon (thiosylffad) $S_2O_3^{2-}$.

Trwy hynny	$Pb^{IV} + 2e^- \rightarrow Pb^{II}$
a	$2I^- - 2e^- \rightarrow I_2$
neu	$Pb^{IV} + 2I^- \rightarrow Pb^{II} + I_2$

(d) Bydd yr elfennau C, Si a Pb i gyd yn ffurfio tetracloridau ar y ffurf $M^{IV}Cl_4$. Mae pob un o'r rhain yn rhywogaethau moleciwlaidd arwahanol lle mae'r bondio'n gofalent gan mwyaf. Fe adlewyrchir hyn yn eu tymereddau berwi: CCl_4 yn 77°C; $SiCl_4$ yn 58 °C; a chymharer ag $GeCl_4$ sy'n 87°C; $SnCl_4$ sy'n 114°C, $PbCl_4$ yn 105°C (yn ffrwydro), a hylifau yw pob un o'r cyfansoddion hyn. Ni ellir cymysgu carbon tetraclorid (a elwir hefyd yn tetraclorometһan), CCl_4, â dŵr ac <u>ni</u> chaiff ei hydrolysu ganddo, ond bydd yr holl tetracloridau eraill yn y Grŵp hwn yn cael eu hydrolysu'n eithaf cyflym yn unol ag:

$$MCl_4 + 2H_2O \rightarrow MO_2 + 4HCl$$

Mae'n debygol fod y rhywogaethau ocsid solid a gynrychiolir gan MO_2 yn cael eu hydradu i ryw raddau, ond mae hyn yn cynrychioli cwrs hanfodol yr adwaith.

Felly fe hydrolysir $SiCl_4$ yn unol ag:

$$SiCl_4 + 2H_2O \rightarrow SiO_2 + 4HCl$$

ac mae'r cymyledd a gynhyrchir felly yn ganlyniad i SiO_2 [gweler Testun 5.1(e)].

Yr un yn y bôn yw'r rheswm dros anadweithedd CCl_4 at hydrolysis ac adwaith parod y cyfansoddion $M^{IV}Cl_4$ â'r hyn sy'n rheoli rhifau cyd-drefniant mwyaf, a drafodir yn Nhestun 22(d). Felly, yn achos CCl_4 yn Rhes 2 o Dabl yr Elfennau nid oes ond un orbital 2*s* a thri orbital 2*p* ar gael i ffurfio bondiau ac yn CCl_4 mae'r rhain yn cyfrannu'n llwyr at fondio, ac felly nid oes orbitalau gwag yn y plisgyn $n = 2$ y gall endid ymosodol adweithio trwyddo. Yn ogystal â hynny, nid oes y fath beth ag orbital 2*d* ac mae'r holl orbitalau $n = 3$ yn rhy uchel eu hegni i ddarparu llwybr derbyniol ar gyfer hydrolysis. Fodd bynnag, yn Rhes 3 o Dabl yr Elfennau (e.e. yn $SiCl_4$), er bod un orbital 3*s* a thri orbital 3*p* yn cyfrannu'n llwyr at fondio, fe all endid ymosodol ymlynu drwy'r orbitalau 3*d* gwag sydd yn uwch o ran egni, ond dim ond o ychydig, na'r orbitalau 3*s* a 3*p*, ac mae'r egnïon yn gallu caniatáu adwaith sy'n arwain at ffurfio bondiau. Oherwydd hynny, mae'r rhywogaethau $M^{IV}Cl_4$ hyn yn agored i hydrolysis gan fod modd i ymosodiad ddigwydd trwy'r orbital *d* gwag.

Felly mae $PbCl_4$ yn agored trwy hyn i hydrolysis yn unol â

$$PbCl_4 + 2H_2O \rightarrow PbO_2 + 4HCl$$

ac, fel y gwelwyd uchod, mae PbO_2, sydd yn cynnwys Pb^{IV}, yn ocsidydd cryf, sy'n rhyddhau clorin gyda HCl crynodedig. Fe bwysleisir ansefydlogrwydd cymharol y cyflwr Pb^{IV} (gweler (c), uchod) trwy'r modd y mae $PbCl_4$ yn ymddatod wrth gael ei wresogi: mae'n hylif melyn mygdarthol sy'n ffrwydro ar 105°C cyn berwi, a bydd yn ymddatod wrth boethi gan roi'r cyfansoddyn Pb^{II} a chlorin yn unol â:

$$PbCl_4 \rightarrow PbCl_2 + Cl_2.$$

Ar y llaw arall, mae plwm(II) clorid, $PbCl_2$, yn solid grisialog gwyn a'i dymheredd ymdoddi yn 500°C, ac mae ei fondio yn ïonig gan mwyaf. Ni fydd plwm(II) clorid ond yn ymdoddi ychydig iawn mewn dŵr (gweler (dd) isod) ond mae halwynau plwm(II), er eu bod yn dangos rhywfaint o dueddiad at hydrolysis halen, yn ymddwyn ar y cyfan fel catïonau (ac anïonau priodol) Pb^{2+} mewn hydoddiant dyfrllyd. Felly mae Pb^{II} yn cyfateb ar y cyfan i rywogaethau Pb^{2+} ïonig tra gwelir bod cyfansoddion Pb^{IV} yn gofalent gan mwyaf.

(dd) Yma mae'n ofynnol i'r myfyrwyr allu cofio adweithiau hydoddiannau dyfrllyd o halwynau Pb^{2+}, e.e. plwm nitrad, $Pb(NO_3)_2$, ynghyd â'r anïonau a restrwyd, ac ysgrifennu hafaliadau cemegol cytbwys ar eu cyfer. Mae pob un o'r rhain, yn y bôn, yn adweithiau ymddatod syml dwbl.

Yn achos ïon hydrocsid, bydd hydoddiannau Pb^{2+} ar y dechrau yn cynhyrchu gwaddod gwyn o blwm hydrocsid sy'n anhydawdd yn unol â:

$$Pb^{2+} + 2OH^- \rightarrow Pb(OH)_2$$

ond mae hwn yn arbennig o amffoterig [gweler Testun 22 (dd, e ac f)] ac yn ailhydoddi'n rhwydd pan ychwanegir gormodedd o ïon hydrocsid, yn unol â

$$Pb(OH)_2 + 2OH^- \rightarrow Pb(OH)_4^{2-}$$

(Fe dderbynnir ffurfiadau eraill o'r anïon hwn a rhai cymhleth tebyg, e.e., PbO_2^{2-} ac ati.)

Bydd halwynau Pb^{2+} yn adweithio ag ïon clorid gan roi gwaddod gwyn o $PbCl_2$, a gydag ïon ïodid i roi gwaddod melyn symudliw llachar o PbI_2. Yma bydd $PbCl_2$ yn hydoddi rhyw ychydig, hyd yn oed mewn dŵr oer, ac ni fyddai'n addas i sicrhau gwaddodi llwyr ar Pb, ond mae $PbCl_2$ a PbI_2 yn fwy hydawdd o lawer mewn dŵr poeth ac fe ellir ailrisialu'r ddau o ddŵr.

$$Pb^{2+} + 2Cl^- \rightarrow PbCl_2$$

$$Pb^{2+} + 2I^- \rightarrow PbI_2$$

Yn olaf, dylid cofio mai plwm sylffad yw un o'r ychydig sylffadau anhydawdd ar wahân i Ba a Sr (a Ca i ryw raddau), yng Ngrŵp II, ac fe waddodir meintiau o blwm o hydoddiannau o halwynau Pb^+ pan ychwanegir ïon sylffad, SO_4^{2-}, yn unol â:

$$Pb^{2+} + SO_4^{2-} \rightarrow PbSO_4$$

Wrth gwrs, caiff y myfyrwyr ddefnyddio un ai hafaliadau ïonig (fel uchod) neu rai stoichiometrig i ddangos yr adweithiau hyn, ond fe'u hanogir i gymryd pwyll gyda'r fformwlâu hyn, er mai rhai syml ydynt, er mwyn osgoi camgymeriadau falens.

Testun 20.2 Grŵp VII

(a) Rhoddwyd cyflwyniad i dueddiadau'r Grŵp ar gyfer Grŵp VII eisoes yn Nhestun 5.2 ac, fel a nodwyd yno, bydd unrhyw halogen penodol yn dadleoli halogen sy'n is yn y Grŵp o'i anïon am fod yr halogen uwch yn fwy ocsidiol. Gellir mynegi hyn yn feintiol yn nhermau'r gwerthoedd $E^{\ominus}$ priodol sy'n gysylltiedig â'r broses $Hal_2 + 2e^- \rightarrow 2Hal^-$, lle mae'r potensialau mwyaf positif yn y broses yn cynrychioli'r rhywogaethau mwyaf ocsidiol. Y gwerthoedd priodol i'r prosesau hyn yw:

	$F_2/2F^-$	$Cl_2/2Cl^-$	$Br_2/2Br^-$	$I_2/2I^-$
$E^{\ominus}$/v	+2.87	+1.36	+1.07	+0.54

Fodd bynnag, wrth amlygu electrofalens anïonig, bydd rhai o elfennau Grŵp VII yn dangos amrediad o gyflyrau ocsidiad positif. Nid yw'r rhain yn cyfateb i falensau ïonig, ac fe wyddom am gyflyrau ocsidiad o I i VII ar gyfer Cl, Br a I. Ni fydd fflworin yn ymddwyn felly, fodd bynnag, yn rhannol am mai hon yw'r fwyaf electronegatif o blith yr elfennau, ac oherwydd nad oes modd iddi gyrraedd rhif cyd-drefniant sy'n uwch na 4, a hithau yn Rhes 2.

Fodd bynnag, mae Cl, Br a I oll yn achosi amrediad eang o ocsoanïonau, e.e. Cl^{I} yn OCl^-, Cl^{V} yn ClO_3^- a Cl^{VII} yn ClO_4^- a cheir rhywogaethau tebyg o ganlyniad i Br a I. Yn y systemau hyn, er ei bod yn amlwg eu bod yn eu cyfanrwydd yn anïonig ac yn ffurfio halwynau gyda'r metelau alcali yng Ngrŵp I, mae'r bondiau Hal–O sydd ynddynt yn gofalent gan mwyaf, sy'n adlewyrchu'r gwerthoedd electronegatifedd tebyg sydd gan ocsigen a'r halogenau. Yn achos Cl, mae'r cyflyrau ocsidiad positif hyn yn arbennig o ocsidiol (gyda thuedd i'w rhydwytho yn Cl^-, Cl^{-I}), yn enwedig cyflyrau ocsidiad uwch V a VII mewn cloradau, ClO_3^-, a phercloradau, ClO_4^- (a elwir bellach, yn fwy systematig, yn glorad(V) a chlorad(VII) yn ôl eu trefn), ond, wrth fynd yn is yn y Grŵp, ac wrth i electronegatifedd yr halogen leihau, bydd y cyflyrau ocsidiad hyn yn fwy sefydlog ac felly'n llai ocsidiol. Er enghraifft, mae'r tuedd i IO_3^- (I^{V}) fynd yn I^- (I^{-I}) yn llai o lawer na'r tuedd i ClO_3^- (Cl^{V}) fynd yn Cl^- (Cl^{-I}).

Felly, mae dau brif duedd yn elfennau Grŵp VII y dylai'r myfyrwyr eu deall a'u gwerthfawrogi. Yn y lle cyntaf, gan fod yr holl elfennau yn electronegatif i raddau helaeth iawn, maent oll yn ocsidiol i'r un graddau, a byddant yn tueddu i ffurfio anïonau Hal^- sefydlog, sydd yn barod i ffurfio bondiau ïonig â chatïonau addas. Wrth gwrs, bydd y pŵer ocsidio hwn yn lleihau wrth fynd yn is yn y Grŵp – mae F_2 yn ocsidydd pwerus iawn ond mae I_2 yn gyfrwng ocsidio eithaf gwan – ond mae F^-, Cl^-, Br^- a I^- yn rhywogaethau sydd â strwythur nwy nobl sydd yn barod iawn i fondio'n ïonig â chatïonau fel, e.e. Na^+, Ca^{2+}, yng Ngrwpiau I a II.

Ar yr un pryd, mae Cl, Br ac I i gyd yn dangos cyflyrau ocsidiad positif, mewn rhywogaethau y ceir ynddynt fondiau cofalent gan mwyaf. Mae pob un o'r rhain yn ocsidiol iawn yn achos Cl ond yn mynd yn llai felly, ac yn fwy sefydlog, wrth fynd yn is yn y Grŵp. Felly, dylid cofio'r ddau duedd hyn fel rhai sy'n sylfaenol i lawer o gemeg y Grŵp hwn.

(b) Dylai'r myfyrwyr gofio bod modd i Cl ac I ddangos cyflyrau ocsidiad –I, +I a +V, fel y dangosir drwy'r hafaliadau Hal^-, $HalO^-$, a $HalO_3^-$ a dylent wybod yn benodol am y rhywogaethau ClO^-, ClO_3^- a IO_3^-.

Dylent hefyd allu cofio'r adwaith rhwng nwy clorin a hydoddiant sodiwm hydrocsid gwanedig, oer yn unol ag:

$$Cl_2 + 2OH^- \rightarrow Cl^- + ClO^- + H_2O$$

a gwybod fod hyn yn enghraifft o adwaith dadgyfraniad rhydocs oherwydd yma

$$Cl_2^0 \rightarrow Cl^{-I} + Cl^I$$

Pan wresogir hydoddiannau sy'n cynnwys ClO^- bydd dadgyfraniad pellach yn digwydd yn unol â:

$$3ClO^- \rightarrow 2Cl^- + ClO_3^-$$

$$\text{neu} \quad 3Cl^I \rightarrow 2Cl^{-I} + Cl^V$$

Sylwch hefyd, pan roddir clorin mewn hydoddiant sodiwm hydrocsid crynodedig poeth mai'r adwaith yw:

$$3Cl_2 + 6OH^- \rightarrow 5Cl^- + ClO_3^- + 3H_2O$$

$$\text{neu} \quad 3Cl_2^0 \rightarrow 5Cl^{-I} + Cl^V$$

Bydd adweithiau tebyg yn digwydd gyda bromin ac ïodin, ond gan fod anïonau BrO^- ac IO^- yn llai sefydlog na rhai ClO^-, bydd yr adweithiau(dadgyfraniadau) sy'n rhoi bromad(V), BrO_3^- ac ïodad(V), IO_3^- yn digwydd ar dymereddau is.

Gweler hefyd ganlyniad dysgu (d), isod.

(c) Pan wresogir halidau sodiwm (Hal = F, Cl, Br, I) gydag asid sylffwrig crynodedig, yr adwaith cyntaf yw dadleoli'r halogen i ffurfio'r halid hydrogen cyfatebol trwy:

$$NaHal + H_2SO_4 \rightarrow NaHSO_4 + HHal$$

ac yn achos HF a HCl y dull hwn yw'r symlaf sydd ar gael i baratoi'r cynnyrch anhydrus lle y mae'r tymereddau berwi yn:

	HF	HCl	HBr	HI
t.b.	19°C	–85°	–66°C	–36°C

(Sylwch ar effaith bondio hydrogen ar dymheredd berwi HF.)

Fodd bynnag, nid yw'r dull uchod yn addas ar gyfer HBr nac HI. Felly mae asid sylffwrig crynodedig hefyd yn gyfrwng ocsidio eithaf cryf a bydd yr HBr a'r HI a ffurfir i ddechrau yn cael eu hocsidio ymhellach i gynhyrchu'r halogen rhydd. Felly, ar gyfer Br:

$$2HBr + H_2SO_4 \rightarrow Br_2 + SO_2 + 2H_2O$$

Sylwch yma fod Br wedi ei ocsidio o Br^{-I} i Br^0 a bod S wedi ei rydwytho o S^{VI} yn H_2SO_4 i S^{IV} yn SO_2.

Yn achos HI fe geir sefyllfa fwy cymhleth ac fe ffurfir SO_2, S a H_2S yn unol â:

$$2HI + H_2SO_4 \rightarrow I_2 + SO_2 + 2H_2O$$

$$6HI + H_2SO_4 \rightarrow 3I_2 + S + 4H_2O$$

$$8HI + H_2SO_4 \rightarrow 4I_2 + H_2S + 4H_2O$$

Felly, yma fe gaiff I^{-I} ei ocsidio yn I^0 a S^{VI} ei rydwytho, yn eu tro, yn S^{IV}, S^0 a S^{-II}. Fe geir y sefyllfa fwy cymhleth hon am fod HI yn gyfrwng rhydwytho mwy effeithiol na HBr.

Sylwch nad oes angen i'r myfyrwyr gofio'r hafaliadau rhydocs hyn, ond fe ddisgwylir iddynt wybod y gwahanol gynhyrchion sy'n bosibl trwy rydwytho ac i ddynodi eu cyflyrau ocsidiad priodol. Sylwch, yn olaf, mai pŵer rhydwythol cryfach yr halid hydrogen wrth fynd yn is yn y Grŵp yw'r union beth y byddai rhywun yn ei ddisgwyl o ganlyniad i duedd y gwerthoedd $E^\ominus$ i $Hal_2/2Hal^-$, sydd yn mynd yn llai positif wrth fynd yn is yn y Grŵp, gan adlewyrchu'r gostyngiad ym mhŵer ocsidio'r halogen rhydd a thueddiadau rhydwytho cynyddol yr halidau hydrogen. (Gweler canlyniad (b) uchod.)

(ch) Rhoddwyd sylw uchod i briodweddau ocsidio Cl_2 (gweler (a), (b), (c), uchod) a dyma achos ei effaith cannu a lladd bacteria. Dylai'r myfyrwyr nodi hefyd fod yr anïon clorad(I), ClO^-, (gweler (c), uchod) yn ymddwyn yn debyg a bod ganddo bŵer ocsidio eithaf cryf. Yn ystod ocsidiadau o'r fath fe rydwythir Cl^I (mewn ClO^-) yn Cl^{-I} (Cl^-). Felly y rhyddheir ïodin o hydoddiannau ïon ïodid drwy effaith ïonau clorad(I), ClO^-, yn unol ag:

$$ClO^- + 2H^+ + 2e^- \rightarrow Cl^- + H_2O$$

$$2I^- - 2e^- \rightarrow I_2$$

$$ClO^- + 2H^+ + 2I^- \rightarrow I_2 + Cl^- + H_2O$$

Er enghraifft, gellir ocsidio Cr^{3+} yn CrO_4^{2-} mewn hydoddiant alcalïaidd trwy:

$$ClO^- + H_2O + 2e^- \rightarrow 2OH^- + Cl^-$$

gyda $$Cr^{3+} + 8OH^- - 3e^- \rightarrow CrO_4^= + 4H_2O$$

gan arwain at

$$2Cr^{3+} + 3ClO^- + 10OH^- \rightarrow 2CrO_4^{2-} + 3Cl^- + 5H_2O$$

lle y mae $$Cl^I\,(ClO^-) \rightarrow Cl^{-I}\,(Cl^-)$$

ac $$Cr^{III}\,(Cr^{3+}) \rightarrow Cr^{VI}\,(CrO_4^{2-}).$$

(d) Cyflwynwyd y tueddiadau sydd dan sylw yn y canlyniad dysgu hwn yng nghanlyniad (a) uchod. Mae'r gostyngiad yn yr electronegatifedd wrth fynd yn is yn y Grŵp yn golygu, wrth gwrs, fod yr elfennau'n mynd yn llai ocsidiol a bod y cyflyrau ocsidiad uwch yn mynd yn fwy sefydlog. O ganlyniad i hynny bydd rhywogaethau fel ïodad(V), IO_3^-, yn llai ocsidiol o lawer na chlorad(V), ClO_3^-, ac o ganlyniad i hynny yn fwy sefydlog o lawer. Felly, er bod potasiwm clorad, $KClO_3$, yn ddeunydd ansefydlog braidd – mae cymysgeddau sy'n cynnwys sylweddau hawdd eu hocsidio yn gallu ffrwydro – mae potasiwm ïodad, KIO_3, yn fwy sefydlog o lawer ac fe'i defnyddir fel safon gynradd, yn enwedig ym mhresenoldeb gormodedd o ïon ïodid, er mwyn amcangyfrif crynodiadau o ïon hydrogen, yn unol ag:

$$IO_3^- + 5I^- + 6H^+ \rightarrow 3I_2 + 3H_2O$$

a ddeillir o

$$IO_3^- + 6H^+ + 5e^- \rightarrow \tfrac{1}{2}I_2 + 3\,H_2O \qquad (I^V \rightarrow I^0)$$

$$5I^- - 5e^- \rightarrow \tfrac{5}{2}I_2 \qquad (I^{-I} \rightarrow I^0)$$

sydd, wrth gwrs, yn adwaith dadgyfraniad rhydocs sy'n groes i'r un yn (b) uchod, lle mae ïodin yn adweithio ag ïon hydrocsid. Felly, gellir deall y rhan fwyaf o'r canlyniadau yn y Testun hwn yn nhermau'r ddau duedd a grybwyllir uchod.

(dd) Dylai'r myfyrwyr fod yn ymwybodol o'r amrywiaeth eang iawn o gyfansoddion halogen sy'n bwysig yn fasnachol ac yn ddiwydiannol a gallu rhoi enghreifftiau priodol o ddefnydd o'r fath, o'u dewis eu hunain. Wrth gwrs, gellir cael enghreifftiau o'r fath o faes cemeg anorganig, e.e. NaCl, NaOCl (cannydd), neu o faes cemeg organig, e.e. $CHCl_3$ (clorofform), PVC, CFCau fel rhewyddion.

Testun 21 Elfennau Trosiannol

Mae'r Testun hwn yn ymdrin â chemeg yr elfennau bloc-*d* yng nghyfres *3d*. Yn wir, ceir elfennau o gyfresi *4d* a *5d* y mae eu cemeg yn debyg iawn mewn llawer o ffyrdd, ond nid yw'n ofynnol i fyfyrwyr Safon Uwch wybod unrhyw fanylion amdanynt. Dylai'r myfyrwyr werthfawrogi, fodd bynnag, fod yr elfennau Sc i Zn yng nghyfres 3*d* yn eu cyflyrau isaf i gyd yn cynnwys electronau ym mhlisgyn 4*s* ac ym mhlisgyn 3*d* a hefyd fod rhywogaethau catïonig sy'n deillio ohonynt i gyd yn cynrychioli systemau lle collir electronau yn gyntaf o blisgyn 4*s* cyn plisgyn 3*d*. (Gweler yn arbennig (b) isod.) Canolbwyntir yn y Testun hwn yn bennaf ar yr amrywiaeth eang o rywogaethau cymhlyg a ffurfir gan yr elfennau 3*d* a tharddiad y gwahanol liwiau a ddangosir gan systemau o'r fath [(d), (dd) ac (e) isod], ond mae'n bwysig bod y myfyrwyr hefyd yn deall y rhesymau dros briodweddau catalytig llawer o rywogaethau metelau trosiannol a'u bod hefyd yn gyfarwydd â rhai o'u priodweddau rhydocs. Sylwer yn olaf nad ystyrir fel rheol bod y termau 'elfen drosiannol' ac 'elfen bloc-*d*' yn hollol gyfystyr: caiff Sc a Zn eu heithrio fel rheol (Gweler (a), isod.)

(a) Dylai'r myfyrwyr alw i gof bod y plisgyn 3*d* yn y gyfres drosiannol gyntaf (Sc - Zn) yn cael ei lenwi'n gynyddol i roi cyflyrau electronig y cyflwr isaf o'r ffurf $3d^x\,4s^2$ (x = 1 - 10), ac eithrio yn achos Cr ($3d^5 4s^1$) a Cu ($3d^{10} 4s^1$) sydd yn y drefn hon yn adlewyrchu sefydlogrwydd ychwanegol y plisgyn 3*d* wedi'i hanner lenwi ac wedi'i lenwi'n llawn. Sylwer fodd bynnag, fod y ddau eithriad hyn, o ran eu cemeg, o bron ddim arwyddocâd: mae'r holl elfennau o V i Zn yn rhoi yn eithaf rhwydd, rywogaethau M^{2+} ïonig yn bennaf sydd yn cyfateb yn ffurfiol i ffurfweddau $3d^3$ i $3d^{10}$ yn eu tro (gweler (b) isod). Felly, gan ddefnyddio'r Tabl Cyfnodol, fe ddylai'r myfyrwyr allu olrhain y ffurfwedd electronig briodol ar gyfer unrhyw ïon metel trosiannol o'r rhes gyntaf.

Sylwer nad yw scandiwm a zinc yn cael eu hystyried fel arfer yn fetelau trosiannol yn yr un ffordd â gweddill y gyfres 3*d*: mae Sc bob amser yn ffurfio rhywogaethau Sc^{3+} ffurfiol ïonig, gan gyfateb i ffurfwedd $3d^0$, tra dim ond rhywogaethau Zn^{2+} mae Zn yn eu cynhyrchu, gan gyfateb i'r ffurfwedd $3d^{10}$ blisgyn caeëdig. Mae'r term metel trosiannol yn cael ei neilltuo fel arfer ar gyfer y rhai hynny sy'n cynhyrchu ffurfweddau d^x wedi'u rhannol lenwi yn eu cyfansoddion (x = 1 - 9), e.e. Fe^{2+} ($3d^6$), Cu^{2+} ($3d^9$), Fe^{3+} ($3d^5$) ac ati.

(b) Er bod yr elfennau K a Ca yn arddangos lefel y 4*s* cyn lefel y 3*d* (gan ddangos bod y cyntaf yn gorwedd yn is o ran ei egni), pan fo plisgyn y 3*d* yn cael ei lenwi o Sc ymlaen, mae lefel y 3*d* bellach yn gorwedd yn gynyddol ymhellach islaw lefel y 4*s*. O ganlyniad, pan gollir electronau o'r elfennau Sc i Zn, o blisgyn y 4*s* y byddant yn cael eu tynnu yn gyntaf bob tro, yn hytrach nag o blisgyn y 3*d*, a dim ond o'r olaf ar ôl i'r holl electronau gael eu tynnu ymaith.

Dylai'r myfyrwyr fod yn hollol gyfarwydd â chanlyniad (a) yn Nhestun 5.1 ac â Thestun 1 (h), a gwerthfawrogi agosrwydd egnïol y lefelau 4*s* a 3*d*, ynghyd â childroad yr olyniaeth hon rhwng K a Ca ar y naill law a rhwng Sc a Zn ar y llall.

(c) Yn y gyfres 3*d*, mae'r electronau 3*d* yn meddiannu orbitalau cymharol dryledol ac o'r herwydd, nid ydynt yn sgrinio'r wefr niwclear yn effeithlon iawn. Felly mae egnïon yr holl orbitalau d yn debyg iawn, fel bod, ac eithrio Sc a Zn (gweler (b) uchod), yr elfennau hyn yn tueddu i arddangos amryw wahanol rifau ocsidio, e.e. gwelir Cr fel Cr^{2+}, Cr^{3+}, a Cr^{VI} yn $Cr_2O_7^{2-}$ ac Mn fel Mn^{2+}, fel Mn^{IV} yn MnO_2 ac Mn^{VII} yn MnO_4^-. Fodd bynnag, oherwydd gostwng cynyddol lefel y 3*d* ar hyd y gyfres, mae'r amrediad o rifau ocsidio yn lleihau tuag at ddiwedd y gyfres, ac mae M^{2+} yn tueddu i fynd yn norm, e.e. yn Co, Ni a Cu. Felly mae'r amrywiol gyflyrau ocsidio posibl yn cyfateb yn ffurfiol i'r electronau 4*s* yn cael eu tynnu ymaith a cholli nifer amrywiol o electronau o'r plisgyn *d*.

(ch) Dylai'r myfyrwyr allu galw i gof enghreifftiau penodol o'r defnydd o fetelau trosiannol neu eu cyfansoddion fel catalyddion, fel ym mhroses Haber a V_2O_5 yn y broses Gyffwrdd er enghraifft. Bydd rhywogaethau catalytig o'r fath fel arfer yn dangos rhai orbitalau *d* gwag, a byddant yn gallu mabwysiadu mwy nag un cyflwr ocsidio. Y rheswm am hyn yw bod gweithgarwch catalytig o'r fath fel arfer yn cynnwys ffurfio rhywogaethau rhyngol rhwng yr adweithyddion a'r catalydd, gan ddefnyddio orbitalau *d* gwag y catalydd, ac mae llawer o adweithiau yn ei gwneud hi'n angenrheidiol ffurfio cyflwr canol trosiannol, gydag electronau naill ai'n cael eu hennill neu eu colli yn ôl y gofyn. Mewn geiriau eraill, mae ar y catalydd angen cael orbitalau d gwag i fondio i'r adweithyddion, a gallu cymryd rhan mewn mecanwaith adweithio sy'n cynnwys newidiadau yng nghyflwr ocsidio'r catalydd.

(d) Dylai'r myfyrwyr fod yn ymwybodol fod metelau trosiannol, yn ogystal â ffurfio halwynau syml, hefyd yn gallu ffurfio amrywiaeth eang o gymhlygion gydag amrediad o ligandau yr un mor llydan. Mae'r rhan fwyaf o gymhlygion o'r fath yn 6-chyfesur (octahedrol) ond ceir rhai 4 cyfesur (tetrahedrol) hefyd. O ran egwyddor, gall y cymhlygion hyn fod naill ai'n gatïonig neu yn anïonig, ond y rhywogaethau symlaf yw'r rhai hynny sy'n bodoli mewn toddiannau dyfrllyd, lle mae catïon M^{2+} neu M^{3+} syml wedi'i gyd-drefnu i chwe moleciwl ligand, naill ai dŵr, amonia neu ryw ligand cyfrannol arall. Nid yw'n angenrheidiol yma i'r myfyrwyr feddu ar ddim gwybodaeth bellach am natur y rhyngweithrediad metel-ligand, ond fe ddylid gwerthfawrogi pwysigrwydd rhan orbital *d* y metel. Sylwer na ofynnir i'r myfyrwyr drin bondio gyda hybrideiddiad yn unman yn y maes llafur hwn ac nad yw cynrychioli cymhlygion metelau trosiannol yn nhermau cynlluniau d^2sp^3 yn briodol: mae'n sicr bod cynlluniau o'r fath hefyd yn goramcangyfrif cyfraniad orbital y 4*p* at y bondio ac yn tanamcangyfrif cyfraniad orbitalau'r 3*d*. Dylai'r myfyrwyr fod yn ymwybodol fod bron y cyfan o'r cymhlygion metelau trosiannol hyn wedi'u lliwio (a dylent allu rhoi enghreifftiau), gyda'r lliwiau yn dibynnu ar natur y metel ac eiddo'r ligand. Ni ofynnir am ddulliau paratoi rhywogaethau cymhlygion (ac eithrio systemau hecsacwo).

Mae'n arbennig o bwysig bod myfyrwyr yn gallu priodoli cyflyrau ocsidiad i'r elfennau 3*d* a geir mewn cymhlygion o'r fath, boed yn gatïonig neu'n anïonig. Felly, o'r enghreifftiau a nodir, mae $[Cr(H_2O)_6]^{3+}$ a $[Cr(NH_3)_6]^{3+}$ ill dau yn cynnwys Cr^{III}, tra bo $[Cu(H_2O)_6]^{2+}$ yn cyfateb i Cu^{II}. Sylwer hefyd fod y rhywogaethau anïonig $[FeCl_4]^-$ ac $[Fe(CN)_6]^{4-}$ yn cyfateb i Fe^{III} ac i Fe^{II} yn ôl eu trefn, yn union fel y mae rhywogaethau catïonig fel $[Fe(H_2O)_6]^{3+}$ ac $[Fe(H_2O)_6]^{2+}$. Dylai'r myfyrwyr hefyd gadw mewn cof y gwahaniaeth rhwng cyflyrau ocsidiad a falensau ïonig ffurfiol [gweler Testun 5.1 (f)] a dylent hefyd allu ysgrifennu yn rhwydd y ffurfweddau *d* y mae cyflyrau ocsidiad elfennau bloc-*d* o'r fath yn cyfateb iddynt. Yn y fan hyn mae Cr^{III}, Cu^{II}, Fe^{III} ac Fe^{II}, yn cynrychioli'r ffurfweddau d^3, d^9, d^5 a d^6 yn ôl eu trefn.

(dd) Mae'r canlyniad dysgu hwn yn ymdrin â rhai priodweddau mewn tair rhywogaeth gymhleth nodweddiadol o'r elfennau trosiannol yn y gyfres 3*d*. O ran y bondio yn y rhywogaethau a restrwyd – $[Cu(H_2O)_6]^{2+}$, $[Cu(NH_3)_4(H_2O)_2]^{2+}$ a $CuCl_4^{2-}$ – fe ddylid nodi'n gyntaf y byddai unrhyw ddull gwirioneddol foddhaol yn golygu ymdrin ag orbitau moleciwlau, ar sail orbitalau 3*d*, 4*s* a 4*p* y metel ac orbitalau 2*p* (neu 3*p*) a hefyd efallai orbitalau 2*s* (neu 3*s*) y ligandau. Nid oes unrhyw ddisgwyl i'r myfyrwyr ymdrin â'r dull hwn – dim ond nodi'r sylw uchod – a'r peth gorau, yn ôl pob tebyg, yw trin y bondio fel pe bai'n fondiau cyd-drefnol gan gynnwys unig barau O neu N yn y ddwy system gyntaf, a bondio cofalent yn bennaf yn y rhywogaeth olaf. [Mae dull y model Maes Grisial a'r dull Falens Bond yn rhy syml ac ni argymhellir eu defnyddio: mae'r cyntaf yn gor-bwysleisio cyfraniadau ïonig a'r olaf yn tanbrisio maint cyfraniad yr orbital *d*, ac mae'r ddau yn orgynnil â'r gwirionedd.]

O ran y strwythur $[Cu(H_2O)_6]^{2+}$, gellir ei ddisgrifio'n briodol fel un octahedrol. [Mae'n debyg ei fod wedi ei ystumio braidd oddi wrth geometreg octahedrol union oherwydd ansefydlogrwydd Jahn-Teller yn y system d^9 ond ni ddisgwylir i'r myfyrwyr wybod (nac ymboeni) am hynny.] Yn achos $[Cu(NH_3)_4(H_2O)_2]^{2+}$ hefyd, mae'r strwythur yn un octahedrol yn y bôn, ond yma ceir pedwar bond Cu i NH_3 mewn plân sgwâr, a dau foleciwl H_2O yn meddiannu'r safleoedd echelinol, uwchlaw ac islaw'r plân sgwâr hwnnw.

Yn achos yr anïon cymhleth, $CuCl_4^{2-}$, gellid disgrifio'r strwythur yn briodol yn un tetrahedrol: mae wedi ei ystumio'n sylweddol o geometreg tetrahedrol union, a byddai'n dderbyniol ei alw'n strwythur tetrahedrol afluniedig [eto, mae'n debyg,

oherwydd ansefydlogrwydd Jahn-Teller], ond gellir dweud yn sicr bron ei fod yn agosach at fod yn detrahedrol nag at ddim arall, ac yn sicr, nid yw'n blanar sgwâr.
O ran lliwiau, gellir priodoli lliw glas llachar arferol y rhan fwyaf o halwynau Cu^{2+} mewn hydoddiant dyfrllyd i $[Cu(H_2O)_6]^{2+}$, ac yn y cymhleth amin $[Cu(NH_3)_4(H_2O)_2]^{2+}$, mae'r disgrifiad arferol o las brenhinol dwys mewn hydoddiant yn briodol. Fe geir yr anïon $CuCl_4^{2-}$ yn y labordy fel arfer drwy ychwanegu HCl crynodedig at hydoddiannau Cu^{2+} dyfrllyd a bydd ei liw fel arfer rhwng melynwyrdd a melyn-brown ac mae'n dderbyniol ei ddisgrifio felly.

(e) Wrth ymdrin â sbectrosgopeg yn Nhestun 12 uchod, trafodwyd tarddiad sbectra allyrru ac amsugno ac ystyriwyd hefyd y cwestiwn a fyddai gan gyfansoddyn liw ai peidio. Yn y rhan fwyaf o'r achosion byddwn yn ymdrin â sbectrosgopeg amsugno ac, fel y gwelwyd yn Nhestun 12 (ch), (ff) ac (g), mae'n berffaith bosibl i rai rhywogaethau, organig ac anorganig, ddangos lliw. Tybir yn aml bod cysyniad cromoffor, a drafodwyd yno, yn ymwneud ag effeithiau cysylltiedig â grwpiau gweithredol arbennig mewn cemeg organig yn unig, ond mewn gwirionedd gall unrhyw rywogaeth metel trosiannol sydd â phlisgyn-*d* anghyflawn o electronau (h.y. ffurfweddau o d^1 i d^9) ddangos cynyrfiadau electronig sy'n gorwedd o fewn y rhanbarth gweladwy ac felly, yn yr achos hwn, y ffurfwedd d^x ($x = 1 - 9$) yw'r cromoffor mewn effaith. Mae hyn yn digwydd fel a ganlyn.
Ar gyfer atom neu ïon rhydd, mae egnïon y pum orbital-*d* (dim ond y pum orbital 3*d* sydd o fewn y maes llafur) i gyd yn unfath, a dywedir bod yr orbitalau hyn yn dangos dirywiad 5-blyg. Mae elfennau'r gyfres drosiannol gyntaf (a'r cyfresi trosiannol eraill), fodd bynnag yn dangos tuedd fawr i ffurfio cymhlygion cyd-drefnol-6 gyda chymesuredd octahedrol ac mewn cymhlygion o'r fath nid yw egnïon y pum orbital 3*d* bellach yn gyfartal, ond maent wedi'u rhannu yn ddwy set, sef set ddirywiedig 3-phlyg gydag egni is a set ddirywiedig 2-blyg gydag egni uwch, fel a ddangosir isod.

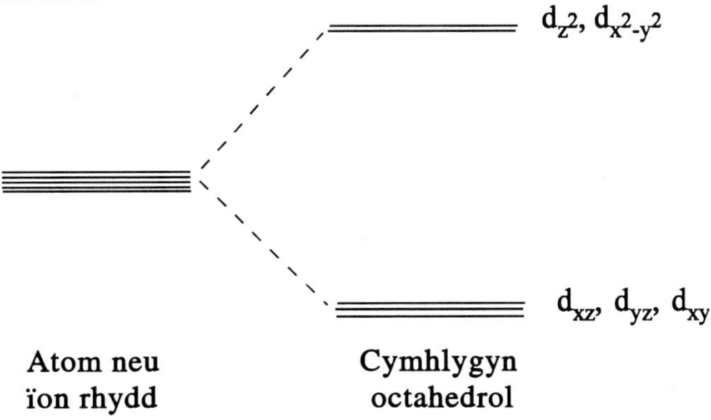

Nid yw'n hollol angenrheidiol i fyfyrwyr wybod yn union pam neu sut y mae'r rhannu hwn yn digwydd, ac felly rhoddir y deunydd canlynol mewn cromfachau er gwybodaeth yn unig ac nid fel gwybodaeth sydd ei hangen.

Yn y dull a elwir yn 'faes grisial' ystyrir y chwe atom neu grŵp o atomau sy'n ffurfio'r ligandau fel gwefrau negatif gwirioneddol neu ddechreuol. O'r pum orbital-*d* mae dau, sef yr orbital d_{z^2} a'r orbital $d_{x^2-y^2}$ yn pwyntio ar hyd y tair echelin (x, y, z), gyda'r orbital d_{z^2} yn pwyntio ar hyd yr echelin-*z* a'r orbital $d_{x^2-y^2}$ yn pwyntio ar hyd yr echelin-*x* a'r echelin-*y*. Mae'r tair orbital-d arall, sef d_{xz}, d_{yz}, a d_{xy}, yn pwyntio rhwng yr echelinau a nodir. Felly, pe rhoddid y chwe ligand ar hyd echelin-*x*, echelin-*y* ac echelin-*z*, h.y. pe trefnid hwy yn octahedrol, byddai electron mewn orbital-d yn agos at y ligand â gwefr negatif pe bai yn yr orbital-d_{z^2} neu'r orbital-$d_{x^2-y^2}$, ond byddai'r electron yn eu hosgoi pe bai yn yr orbital-d_{xz}, yr orbital-d_{yz} neu'r orbital-d_{xy}. Yn yr achos cyntaf ceid sefyllfa wrthyrru (sef yr electron mewn orbital-d yn cael ei wrthyrru gan y wefr negatif ar y ligand). O ganlyniad mae egni'r orbital-d_{z^2} a'r orbital-$d_{x^2-y^2}$ yn uwch. Yn achos yr orbital-d_{xz}, yr orbital-d_{yz} a'r orbital-d_{xy} byddai'r gwrthyrru rhwng yr electron yn yr orbital-*d* a'r wefr negatif yn llai, gan arwain at sefyllfa lle mae'r egni yn is yn gymharol. Sylwer nad yw'n ofynnol bod myfyrwyr yn gallu dwyn i gof siapiau nac enwau'r pum orbital-*d*.

Yng nghanlyniad (a), uchod, disgwyliwyd i fyfyrwyr allu diddwytho ffurfwedd electronig ïon unrhyw fetel trosiannol yn y rhes gyntaf. Er enghraifft, ar gyfer Cr^{3+} yn y cymhlygyn $[Cr(H_2O)_6]^{3+}$, gan ddechrau gyda $Cr^0 = 3d^54s^1$ a chofio o ganlyniad (b) uchod, y collir electronau 4*s* cyn y collir electronau 3*d*, bydd Cr^{3+} yn cyfateb i $3d^3$, a disgwylid i'r sefyllfa gyda'r egni isaf gyfateb i :

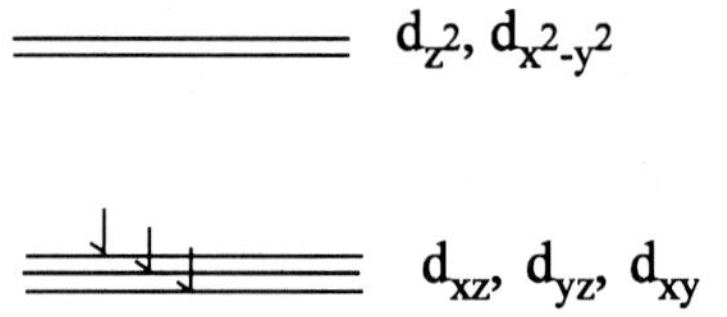

d_{z^2}, $d_{x^2-y^2}$

d_{xz}, d_{yz}, d_{xy}

gyda'r tri electron yn y set ddirywiedig 3-phlyg, gyda'u sbiniau yn baralel (cymharer â chyflwr isaf nitrogen gyda'r tri orbital-*p* yn llawn yn yr un modd). Felly ceir cyflyrau cynhyrfol yn electronig ar gyfer cymhlyg pan godir electron (neu electronau) o'r set gyda'r egni isaf i'r set gyda'r egni uchaf. Gelwir cynyrfiadau o'r fath, am resymau amlwg, yn drosiadau *d-d* a hwy sy'n gyfrifol am y rhan helaethaf o'r lliwiau a ddangosir gan gymhlygion metelau trosiannol (ond nid y cyfan o'r lliwiau hyn).

Mae'n amlwg felly fod systemau sy'n cynnwys rhwng un a naw o electronau yn yr orbitalau-*d* (sef systemau d^1 i d^9) yn gallu dangos y cynyrfiadau d-d hyn lle cynhyrfir un neu ragor o electronau o'r set isaf o orbitalau i'r set uchaf. Felly er enghraifft ar gyfer cymhlygion o Fe^{2+} ($Fe^0 \equiv 3d^64s^2$) ceir sefyllfa $3d^6$ o ganlyniad: yn yr achos hwn gellid cael sefyllfa naill ai lle mae'r sbiniau i gyd wedi'u paru neu lle nad oes ond un pâr gyda'u sbiniau wedi'u paru, fel a ddangosir isod, a cheir posibiliadau tebyg hefyd ar gyfer rhywogaethau d^4, d^5 a d^7.

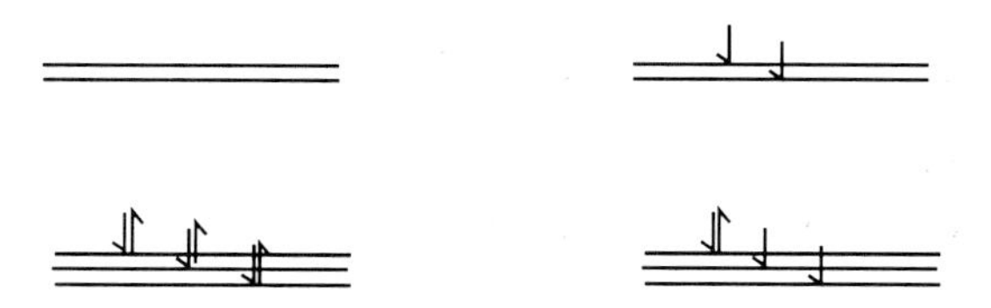

Yn yr holl achosion hyn, fodd bynnag, ceir y trosiadau d-d oherwydd cynhyrfiad yr electronau o'r set d_{xz}, d_{yz}, d_{xy} (y set isaf) i'r set d_z, $d_{x^2-y^2}$ (y set uchaf) o orbitalau.

Nodyn ar gyfer athrawon: Efallai y bydd athrawon yn teimlo bod y driniaeth uchod yn hen ddigon neu hyd yn oed yn ormodol, ond os ydynt yn ystyried edrych yn fanylach, efallai y dylid nodi rhai rhybuddion. Mae'r model 'maes grisial' a amlinellir uchod yn foddhaol ar gyfer egluro'n ansoddol y rhaniad rhwng yr orbitalau ond nid yw'n dda pan gaiff ei gymhwyso'n feintiol. Mae'r dull 'bond falens', oedd unwaith yn boblogaidd, yn dioddef oherwydd y defnyddir dull croesrywedd ac mae hefyd yn gorliwio swyddogaeth yr orbitalau metelaidd 4*p* ac yn rhoi rhy ychydig o sylw i'r orbitalau 3*d*. Mae dull 'orbital moleciwlaidd' yn ddilys yn ddamcaniaethol ond mae'n debyg ei fod yn rhy gymhleth, ar wahân, efallai, i nodi bod yr orbitalau d_{z^2}, $d_{x^2-y^2}$ yn defnyddio bondio-σ a bod yr orbitalau d_{xz}, d_{yz}, d_{xy} yn defnyddio bondio-π.

Fodd bynnag, pan astudiwyd natur y trosiadau *d-d* a ddangosir gan gymhlygion 3*d* octahedrol metelau trosiannol uchod, ystyriwyd yr orbitalau dan sylw yn syml fel orbitalau 3*d* y metel. Wrth gwrs, mewn gwirionedd mae'n rhaid i'r orbitalau hyn gymysgu i ryw raddau ag orbitalau'r ligand gan ffurfio orbitalau moleciwlaidd, ond bydd cyfansoddiad yr orbitalau dan sylw yn rhai metelaidd 3*d* yn bennaf, ac felly gellir ystyried y plisgyn-*d* sydd wedi'i lenwi yn rhannol (d^1 – d^9) fel y cromoffor i bob pwrpas yn yr achos hwn. Bydd y lliwiau sy'n gysylltiedig â'r trosiadau *d-d* yn amrywio, fodd bynnag, gyda natur y metel a'i gyflwr ocsidiad: felly mae llawer o rywogaethau Cu^{II} (d^9) yn las, rhai Ni^{II} (d^8) yn felyn-wyrdd, rhai Co^{II} (d^7) yn binc, a rhai Fe^{II} (d^6) yn wyrdd golau, ond yn gyffredinol bydd y lliwiau a gynhyrchir yn dibynnu ar y metel a'i gyflwr ocsidiad ac ar natur y ligand, gan fod y ffactorau hyn i gyd yn dylanwadu ar y graddau y mae orbitalau'r metel ac orbitalau'r ligand yn cymysgu ac felly ar y bylchau egni rhwng y ddwy set o orbitalau-d.

(f) Dylai'r myfyrwyr allu disgrifio adweithiau'r catïonau a restrwyd gydag ïon hydrocsid mewn toddiant dyfrllyd ar gyfer meintiau cydfolar ac ar gyfer gormodedd o ïonau OH^-. Dylent allu galw i gof liwiau'r holl waddodion a gynhyrchwyd ac mai dim ond y rhai hynny ar gyfer Cr^{3+} a Zn^{2+} sydd yn hydawdd mewn gormodedd o'r adweithydd. Fe ddylid gwerthfawrogi bod y nodwedd amffoterig yn fwy nodedig yn achos $Zn(OH)_2$ nag yn achos $Cr(OH)_3$, ac yn achos yr olaf y gellir torri i lawr y cymhlygyn hydawdd a gynhyrchwyd gyda gormodedd o ïon OH^- yn yr oerni, drwy ei ferwi i ailwaddodi ocsid cromiwm hydradol. Dylai'r myfyrwyr fod yn ymwybodol hefyd fod y gwaddod a gynhyrchwyd gan Fe^{2+} ($Fe(OH)_2$) yn arbennig o dueddol i ocsidio'n atmosfferig

($Fe^{II} \rightarrow Fe^{III}$) a'i fod yn newid lliw yn unol â hynny. Yn ogystal â gallu ysgrifennu hafaliadau ar gyfer yr adweithiau gwaddodi, dylai'r myfyrwyr allu cynrychioli'r achosion hefyd lle mae'r gwaddod yn hydawdd mewn gormodedd o ïon hydrocsid: gan fod cyfansoddiad y rhywogaethau hydawdd a gynhyrchir braidd yn ansicr, byddai unrhyw ffurfiad call sy'n ufuddhau i ofynion sylfaenol falens yn foddhaol, e.e. byddai naill ai $[Zn(OH)_4]^{2-}$ neu $[ZnO_2]^{2-}$ yn foddhaol.

(ff) Dylai'r myfyrwyr allu rhoi enghreifftiau o'r defnyddiau technegol a diwydiannol o'r metelau trosiannol, e.e. haearn mewn gwaith gwneud dur, cromiwm ar gyfer platio a dur gwrthstaen (ynghyd â nicel) ac ar gyfer amrywiaeth o aloiau defnyddiol, copr ar gyfer ceblau trydanol, ac ati. Dylent fod yn ymwybodol hefyd o bwysigrwydd cyfansoddion metelau trosiannol mewn amaethyddiaeth ar ffurf elfennau hybrin ac o fodolaeth cyfansoddion metelau trosiannol mewn systemau byw, e.e. haearn mewn haemoglobin, cobalt mewn fitamin B_{12} ac ati.

Testun 22 Cyfnodedd

Mae'r Testun hwn yn estyn ac yn helaethu rhai o'r cysyniadau a drafodwyd gyntaf yn Nhestun 5, ac mae rhai o'r canlyniadau dysgu, yn enwedig (a), (b) ac (ch), wedi eu cynnwys er mwyn rhoi crynodeb byr o'r egwyddorion sylfaenol ac felly nid oes angen manylu.

(a) Dylai'r myfyrwyr allu deall, cofio a chymhwyso popeth a geir yn y canlyniad dysgu hwn. Ni ddisgwylir iddynt allu cofio gwerthoedd electronegatifedd penodol ond fe ddylent fod yn ymwybodol o'r tueddiadau mewn gwerthoedd electronegatifedd yn Nhabl yr Elfennau. Fe ddylent hefyd allu defnyddio gwerthoedd electronegatifedd a roddwyd, er enghraifft, er mwyn rhagfynegi'n synhwyrol ynghylch y priodweddau cemegol sydd gan yr elfennau, er mwyn diddwytho polareddau bondiau a thebygoliaeth priodweddau ïonig neu gofalent mewn cysylltau o'r fath. Dylent hefyd ddeall y cysylltiad rhwng gwerthoedd electronegatifedd ac ymddygiad ocsidio neu rydwytho.

Dylid cofio hefyd fod yr electronegatifedd, χ, sydd gan elfen benodol mewn cyfrannedd, gan mwyaf, â'r gwahaniaeth egni rhwng ïonau positif a negatif yr elfen honno yn y wedd nwyol.

Mewn geiriau eraill :

$$\chi_M \propto (M^+(n) - M^-(n))$$

Felly, po fwyaf fydd y bwlch egni rhwng M^+ (n) a M^- (n) mwyaf fydd electronegatifedd yr elfen M.

Fel enghreifftiau, ystyriwch y gwerthoedd canlynol ar gyfer yr egni ïoneiddio cyntaf ($M(n) \rightarrow M^+(n)$), a'r egni ennill electron cyntaf ($M(n) \rightarrow M^-(n)$) ar gyfer Li, Na, F a Cl, mewn kJ $môl^{-1}$.

	Li	Na	F	Cl
$M(n) \rightarrow M^+(n)$	520	496	1681	1251
$M(n) \rightarrow M^-(n)$	– 56	– 71	– 333	– 349
$\Delta (M^+(n) - M^-(n))$	576	567	2014	1600
χ	0.98	0.93	3.98	3.16

Mae'n amlwg nad yw'r cyfrannedd yn union ond gwelir cyfatebiaeth eithaf da rhwng y ddau faint hyn, a dyna y byddem yn ei ddisgwyl oherwydd mae χ yn y bôn yn fesur o rwyddineb ennill dwysedd electronau mewn elfen benodol.

Dylai'r myfyrwyr werthfawrogi hefyd y crynodebau byr o ymddygiad cyfnodol a geir yn y canlyniad dysgu hwn ac yng nghanlyniad (b), isod. Dylent ddeall felly yr holl gysyniadau a gyflwynwyd yn Nhestun 5.1 a bod yn hollol gyfarwydd â'r manylion amdanynt.

(b) – (ch) Dylai'r myfyrwyr allu rhoi enghreifftiau priodol i gefnogi'r gosodiadau yng nghanlyniadau (b) ac (ch) a gallu cofio a deall yr adweithiau a restrir yng nghanlyniad (c) (gweler hefyd Destun 5.1), gan roi hafaliadau cemegol cytbwys yn ôl yr angen.

(d) Dylai'r myfyrwyr ddeall mai'r nifer fwyaf o barau o electronau a all amgylchynu'r atom canolog yn elfennau (Li – Ne) yn Rhes 2 o Dabl yr Elfennau yw pedwar ac mai'r rheswm am hynny mai dim ond un orbital 2*s* a thri orbital 2*p* sydd ar gael i gynnwys parau electron hyn. Dylent hefyd ddeall, yn achos elfennau (Na – Ar) yn Rhes 3 o Dabl yr Elfennau (a thu hwnt), er mai ond un orbital 3*s* a thri orbital 3*p* o amgylch yr atom canolog sydd wedi eu meddiannu i unrhyw raddau yng nghyflyrau gwaelodol yr elfennau hyn, fod modd bellach i fwy na phedwar pâr electron amgylchynu'r atom canolog: y rheswm am hynny yw bod yr orbitalau 3*d* (pump ohonynt), er eu bod yn wag yn y cyflyrau gwaelodol, bellach ar gael i gynnwys parau electron pellach, fel bod modd ffurfio rhywogaethau fel PCl_5 (pum pâr) a SF_6 (chwe phâr).
Felly, yn achos rhywogaethau o Res 2, 4 yw'r cyd-drefniant mwyaf, fel y dangosir mewn systemau fel BeF_4^{2-}, BH_4^-, CH_4 a NH_4^+, yn ogystal â rhywogaethau sydd â rhifau cyd-drefniant is, fel $BeCl_2$ a BF_3. Fodd bynnag, yn Rhes 3, cyd-drefniant 6 yw'r mwyaf, mewn systemau fel AlF_6^{3-}, SiF_6^{2-}, PF_6^- ac ati, am fod yr orbital 3*d* ar gael. [Nid oes rhaid trin y systemau hyn yn nhermau cynlluniau croesrywedd (gweler hefyd Destun 3.3), sydd yn amheus o ran eu dilysrwydd, ond fe ystyrir systemau deubyramidaidd trigonol fel PCl_5 yn rhai sy'n cynnwys yr orbital d_{z^2} yn y bondio a systemau octahedrol fel SF_6 yn rhai sydd fel arfer yn cynnwys d_{z^2} a $d_{x^2-y^2}$. Ymhellach i lawr Tabl yr Elfennau ar ôl Rhes 3, gellir dod ar draws rhifau cyd-drefniant uwch na chwech, ond nid oes raid i'r myfyrwyr wybod am systemau o'r fath.]

(dd) Fe ddylai'r myfyrwyr ddeall fod natur amffoterig i'w gweld fel arfer yn ocsidau a hydrocsidau elfennau rhydd â gwerthoedd electronegatifedd rhyngol a bod y rhan fwyaf o'r elfennau hyn i'w cael yn y rhanbarth o Dabl yr Elfennau lle y gwelir trosi o fondio sydd yn ïonig gan mwyaf i fondio sydd yn gofalent gan mwyaf a lle hefyd y gwelir y trosi o ymddygiad metelaidd i ymddygiad anfetelaidd. Mae'r elfennau a restrir o dan ganlyniad dysgu (f) isod yn nodweddiadol yn hyn o beth.

(e) Fel y nodwyd yn Nhestun 19, byddai'n gamgymeriad ystyried tuedd beryliwm i ffurfio bondiau cofalent fel ymddygiad hollol anrheolaidd, am y rhesymau a fraslinellwyd yno. Felly, yn ogystal â'r ocsid, BeO, [Testun 19(ch)] ceir bondio cofalent hefyd yn y clorid, $BeCl_2$, sy'n solid sy'n sychdarthu yn rhwydd ac sy'n mygdarthu mewn aer llaith. At hynny, mewn rhai cyfansoddion Be, mae'r bondio yn electron-ddiffygiol yn yr un modd ag ar gyfer y rhywogaethau B ac Al cyfatebol (gweler (ff) isod) ac felly mae Be yn unigryw ymhlith elfennau Grŵp II gan y gall ffurfio anïon cymhlyg, sef BeF_4^{2-} (gweler (d), uchod), sydd ag adeiledd tetrahedrol rheolaidd, sy'n isoelectronig â BF_4^-. Gall beryliwm hefyd gymryd rhan mewn nifer o gymhlygion â bondiau cyd-drefnol ac, wrth gwrs, mae'n dangos priodweddau amffoterig fel a ddisgrifiwyd yn (dd) ac (f).

(f) Dylid cofio, a deall yng ngoleuni (dd) uchod, fod pob un o'r elfennau a restrwyd yn amlygu ymddygiad amffoterig nodweddiadol yn eu hocsidau a'u hydrocsidau. Dylai'r myfyrwyr sylweddoli mai un nodwedd o ymddygiad amffoterig yw gwaddodi hydrocsid anhydawdd trwy ychwanegu OH^- ac ailhydoddi pan geir gormodedd ohono. Dylent allu cofio a disgrifio ymddygiad ïonau Zn^{2+} a Pb^{2+} yn benodol yn y sefyllfa hon, ynghyd â'r hafaliadau angenrheidiol, e.e.

$$Zn^{2+} + 2OH^- \rightarrow Zn(OH)_2 \downarrow \quad \text{(gwaddod gwyn)}$$

$$Zn(OH)_2 + 2OH^- \rightarrow Zn(OH)_4^{2-} \quad \text{(hydawdd)}$$

a deall fod catïonau'r elfennau eraill a restrir yn ymddwyn yn yr un modd (Be^{2+}, Al^{3+}, Ga^{3+}, In^{3+}, Sn^{2+}, Pb^{2+}). Dylid sylweddoli hefyd mai Be, Zn ac Al sy'n dangos y briodwedd amlycaf yn hydoddiant y metel ei hun mewn alcali dyfrllyd, wrth ryddhau hydrogen, ac nid Sn a Pb.

(ff) Dylai'r myfyrwyr allu deall a disgrifio natur electron-ddiffygiol y bondio mewn rhai cyfansoddion o B ac Al. Felly, nid yw boron, sydd â bondio cofalent gan mwyaf, ond yn gallu cyflenwi tri electron ($2s^2 2p^1$) ar gyfer bondio ac os bydd, er enghraifft, yn cyfuno â halogen, fel fflworin, nad yw ond yn cyflenwi un electron ar gyfer bondio i'r plisgyn falens, bydd yn ffurfio cyfansoddyn, fel BF_3, lle nad oes ond tri phâr o electronau (bondio) yn y plisgyn falens. Drwy hyn mae cyfansoddyn fel BF_3 yn electron-ddiffygiol i'r graddau ei fod yn gallu codi pâr arall o electronau yn rhwydd o roddwr addas, fel bod yr atom canolog wedi ei amgylchynu wedyn â'r uchafswm o bedwar pâr electron – yr 'wythawd' cyfarwydd. Felly bydd y cyfansoddyn BF_3 yn gweithredu fel asid Lewis. Fe all, er enghraifft, ffurfio adwythiad ag amonia, $:NH_3$, drwy allu hwnnw i roi ei unig bâr, gan roi cyfansoddyn, H_3NBF_3, lle mae'r nitrogen a'r boron ill dau wedi eu hamgylchynu gan bedwar pâr o electronau. Yn yr un modd, mae BF_3, drwy gymryd ïon fflworid ychwanegol, F^-, yn gallu ffurfio'r anïon BF_4^-, yr ïon tetrafflworoborad(III), sy'n adnabyddus ar ffurf sawl halwyn perffaith sefydlog, fel KBF_4: unwaith eto, yn BF_4^-, fe amgylchynir y boron â phedwar pâr o electronau (cymharer hefyd yr anïon BH_4^-).

Mae alwminiwm clorid yn enghraifft arall yng Ngrŵp III o sefyllfa electron-ddiffygiol: byddai Al, â $3s^2 3p^1$, a phob clorin yn cyfrannu electron sengl at y plisgyn falens, yn arwain hefyd, mewn $AlCl_3$ monomerig, at sefyllfa electron-ddiffygiol, lle nad oes ond tri phâr o electronau o amgylch yr atom Al canolog. Fodd bynnag, fe wyddom fod modd cywiro'r sefyllfa yn y fan hyn drwy ffurfio deumer, Al_2Cl_6, sydd ond yn daduno'n $AlCl_3$ monomerig ar ôl ei wresogi'n eithaf uchel (uwchlaw 200°C).

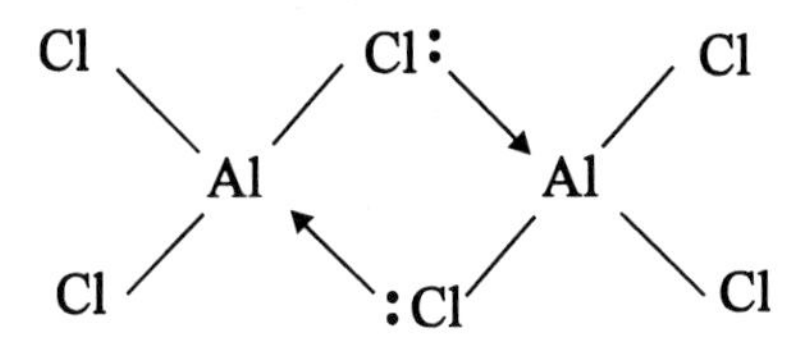

Yn y deumer hwn, fe wneir iawn am y diffyg electronau ym mhob Al drwy roi pâr ar fenthyg o glorin a gysylltir â'r atom Al arall, fel bod y ddau Al wedi eu hamgylchynu â phedwar pâr o electronau. Fodd bynnag, dylid sylwi bod alwminiwm clorid, fel BF_3, yn gallu gweithredu fel asid Lewis (ac fe wna hynny), oherwydd, wrth gymryd ïon clorid ychwanegol, mae'n gallu ffurfio'r anïon $AlCl_4^-$ (â phedwar pâr o electronau o amgylch yr Al) a ffurfio $AlCl_4^-$ sy'n galluogi alwminiwm clorid i gymryd Cl^- a Cl_2, gan adael Cl^+, sef y rhywogaeth clorineiddio actif yn y broses clorineiddio modrwy mewn bensen a'i ddeilliadau. (Gweler Testun 13(e).)

(g) Tynnwyd sylw eisoes at natur amffoterig ocsid a hydrocsid Al ac fe ddylai'r myfyrwyr nodi (cymharer ag (c) uchod) fod hyn yn gysylltiedig yn aml â'r trosi o ymddygiad bondio ïonig i ymddygiad bondio cofalent. Mewn gwirionedd, mae Al ar y terfyn yn hyn o beth. Fel y gwelwyd yn (dd) uchod, mae'n amlwg mai cofalent yw alwminiwm clorid, Al_2Cl_6 neu $AlCl_3$, yn bennaf (bydd yn sychdarthu ar tua 180°C, caiff ei hydrolysu â dŵr ac ati), ond mae'r un mor amlwg fod alwminiwm ocsid, Al_2O_3, yn ïonig (dellt ïonig nodweddiadol, tymheredd ymdoddi o 2050 °C gan y solid ac ati). Fe ymddengys mai'r pwynt allweddol yn y fan hyn yw electronegatifedd uwch O (3.44) o'i gymharu ag Cl (3.16) felly gydag electronegatifedd Al yn 1.61, mae'n amlwg fod y sefyllfa Al–O yn fwy polar na'r cysylltiad Al–Cl. Ategir y farn hon hefyd drwy gymharu AlF_3 ag $AlCl_3(Al_2Cl_6)$; lle mae'r olaf yn gofalent yn bennaf ac yn sychdarthu o dan 200 °C, ni fydd AlF_3 yn ymdoddi nes cyrraedd tymheredd sydd ychydig dros 1000 °C (tua 1290 °C) ac mae ei fondio yn ïonig gan mwyaf. Gan fod electronegatifedd fflworin yn 3.98, mae'n amlwg y byddem yn disgwyl i'r cysylltiad Al–F fod yn fwy polar na Al–Cl hefyd.

Testun 23 Cineteg Cemegol

(Gweler hefyd y Llyfr Darllen Cefndir)

Sefydlwyd egwyddorion sylfaenol ac agweddau ansoddol cineteg yn Nhestun 10; yn y Testun hwn byddwn yn ymdrin â'r ochr fwy meintiol, yn dychwelyd unwaith eto at y gwahaniaeth pwysig rhwng cyfradd ac ecwilibriwm ac yn ystyried y cysylltiadau rhwng data cinetig a mecanwaith adweithiau.

Estyniad i ganlyniad 10(b) yw canlyniad (a), sy'n gofyn am wybodaeth am amryw ddulliau nodweddiadol o dilyn cyfraddau ac mae (b) yn cynnwys cyfrifo cyfraddau syml o wybod mathau gwahanol o ddata. Defnyddir y cyfraddau hyn yn aml i gael graddau adweithiau ac felly ymdrinnir â (b), (c) ac (ch) gyda'i gilydd. Yn (c) mae'n hanfodol deall ystyr yr holl dermau yn yr hafaliad cyfradd ac yn arbennig peidio â drysu rhwng 'cyfradd' a 'chysonyn cyfradd'. Mae cyfradd unrhyw adwaith (sef sut mae'r crynodiad yn newid gydag amser) yn newid wrth i'r crynodiad newid yn ogystal â chyda thymheredd, tra bo'r cysonyn cyfradd yn newid gyda thymheredd yn unig ar gyfer unrhyw adwaith a roddir. Mae felly yn ffordd ddefnyddiol o adrodd ar ganlyniadau gan nad yw'n dibynnu ar y crynodiadau a ddefnyddir.
Ar Safon Uwch, dim ond moleciwlau ar ochr chwith yr hafaliad sy'n effeithio ar gyfradd y blaenadwaith. Er enghraifft, ar gyfer $A + B \rightarrow C + D$, NI fydd y gyfradd yn dibynnu ar C na D ond ar A a/neu B yn unig, mewn rhyw ffordd (sydd i'w darganfod trwy arbrawf).
Peidiwch â drysu rhwng k a K; mae'r camgymeriad hwn yn dyngedfennol. Dylid ysgrifennu cysonion cyfradd ar ffurf k a chysonion ecwilibriwm ar ffurf K.

Hafaliad cyfradd	Wal Berlin	Hafaliad ecwilibriwm
Cyfradd $= k[A]^m[B]^n$	‖	$K = \dfrac{[C][D]}{[A][B]}$

Mae dull y tangiad ar gyfer cyfrifo cyfraddau yn syml ond nid yw'n fanwl gywir iawn a chaniateir ychydig o gyfeiliornad wrth farcio. Un ffynhonnell o ddryswch yw'r ffaith fod angen gwybod y crynodiad ar y pwynt lle llunnir y tangiad os yw'r gyfradd a geir oddi wrth y tangiad am gael ei defnyddio er mwyn darganfod gradd neu gymharu cyfraddau ar grynodiadau gwahanol. Gwneir hyn yn aml ar amser = 0, gan roi'r gyfradd gychwynnol ar y crynodiad dechreuol.
Mae unedau k yn wahanol ar gyfer pob gradd adwaith ac mae'n rhaid i'r myfyrwyr eu gwybod ar gyfer gradd sero, gradd un a gradd dau: dim ond y graddau cyfannol hyn a roddir mewn arholiad er bod systemau â gradd ffracsiynol yn bodoli yn y byd go iawn.
Yn (ch)(ii), mae'n rhaid i'r myfyrwyr fod yn glir mai ar gyfer "cadw'r llyfrau" yn unig y mae'r hafaliad cytbwys ac nad yw'n dweud **dim** wrthym am gyfradd, gradd na mecanwaith y newid. Mae'n werth ailadrodd beth a ddywedwyd yn Nhestun 10 er mwyn egluro'r canlyniad hwn a chanlyniad (d).

Y broblem fwyaf yw'r dryswch rhwng cyfradd ac ecwilibria. Mae hyn yn ddealladwy, gan fod y testunau hyn yn gysylltiedig â'i gilydd ym mhob system gemegol, er eu bod yn cael eu rheoli gan ddeddfau gwahanol, ond mae'n hanfodol gwahaniaethu'n glir rhyngddynt. Un ffordd o wneud hyn yw defnyddio'r diagram proffil egni:

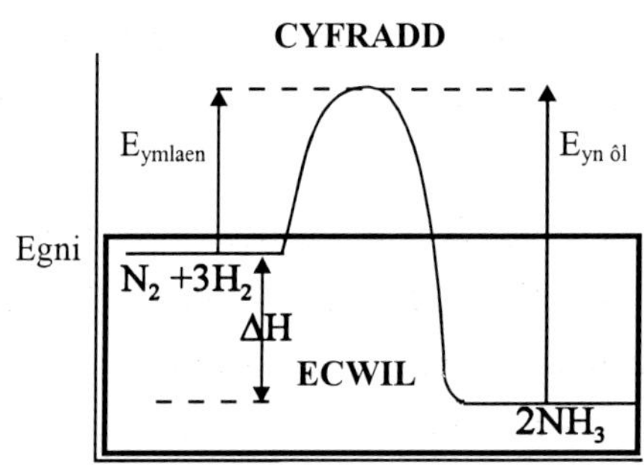

O fewn y blwch du ceir ein holl wybodaeth am yr ecwilibriwm, yr hafaliad cytbwys a ΔH. Trwy ddefnyddio'r rhain gellir ysgrifennu K trwy archwiliad, gwneud rhagfynegiadau yn ôl Egwyddor Le Chatelier ynglŷn ag effaith newidiadau mewn gwasgedd, a hefyd, gan ddefnyddio ΔH, effaith newidiadau mewn tymheredd. DIM BYD ARALL! Yr unig ffordd i ddarganfod gwybodaeth am gyfraddau'r broses a mecanwaith neu drywydd yr adwaith yw trwy gynnal arbrofion ar bob system a roddir. Fodd bynnag, ceir y cyplysu yn yr ystyr, unwaith y mesurir E_{ymlaen}, gellir darganfod $E_{yn\ ôl}$ trwy'r gwahaniaeth. Mae ecwilibriwm felly, yn dweud wrthym am y cydbwysedd rhwng adweithyddion a chynhyrchion, pa mor bell, a sut yr effeithir ar y cydbwysedd hwn gan newidiadau; trwy arbrofion cinetig rydym yn canfod pa mor gyflym y mae'r adwaith a sut mae'n mynd (mecanwaith).

Cyfraddau a thymheredd. Gall ymgeiswyr ddrysu trwy feddwl am Egwyddor Le Chatelier (nad yw'n berthnasol i gyfraddau adweithiau) a dweud bod adweithiau ecsothermig yn mynd yn arafach wrth i'r tymheredd godi. ANGHYWIR!

MAE POB ADWAITH YN MYND YN GYNT WRTH I DYMEREDDAU GODI.

Yr hyn sy'n digwydd mewn adwaith ecsothermig yw bod cyfradd yr ôl-adwaith yn cynyddu yn gyflymach gyda thymheredd nag y mae'r blaenadwaith yn cynyddu, ac felly mae'r ecwilibriwm yn symud i'r chwith.

D.S. Po fwyaf yw'r egni actifedd, y mwyaf yw'r cynnydd yn y gyfradd wrth gynyddu'r tymheredd, ac mae $E_{yn\ ôl}$ yn fwy nag E_{ymlaen} ar gyfer proses ecsothermig.

Mae canlyniadau (dd) ac (e) yn ymwneud â mecanwaith. Yn (dd), os ceir nifer o gamau mewn adwaith (fel sy'n digwydd yn aml) ac os yw un cam yn arafach o lawer na'r lleill, yna'r cam hwn fydd yn rheoli'r gyfradd gyfan. [Ystyriwch beth sy'n digwydd pan gysylltir dwy draffordd tair lôn gan un lôn oherwydd gwaith ffyrdd.] Bydd gradd yr adwaith a fesurir yn cyfateb i nifer y moleciwlau ar ochr chwith y cam hwn.

Er enghraifft, edrychwn ar adwaith A + B + C → Cynhyrchion. Ar y dechrau, nid ydym yn gwybod unrhyw beth am y gyfradd na'r mecanwaith, dim ond beth yw'r cynnyrch.

1. Mesurwn effeithiau newid crynodiadau A, B ac C yn eu tro ar dymheredd sefydlog a thrwy hyn darganfyddwn yr hafaliad cyfradd sef, efallai, Cyfradd = $k[A][B]^2$. Felly mae'r adwaith yn radd un mewn perthynas ag A, gradd dau mewn perthynas â B a gradd sero mewn perthynas ag C.
2. Wedyn mesurwn y gyfradd ar nifer o dymereddau eraill ar grynodiadau sefydlog i ddarganfod k ar bob tymheredd a thrwy hyn ddarganfod yr egni actifiant (nid yw'r gwaith cyfrifo yn y maes llafur).
3. Ceisiwn arunigo unrhyw ryng-gyfansoddion neu rywogaethau byrhoedlog yn yr adwaith.

Gallwn yn awr gynnig mecanwaith ond ar gyfer Safon Uwch canolbwyntir ar 1.
Nid oes gan C effaith ar y gyfradd ac felly ni all chwarae rhan yn y cam sy'n pennu'r gyfradd; rydym yn gwybod o'r hafaliad cyfradd bod y cam hwn yn cynnwys un moleciwl A a dau foleciwl B. Felly **efallai** y gallai'r mecanwaith canlynol fod yn bosibilrwydd:

$$A + 2B \xrightarrow{\text{araf}} A - B - B \xrightarrow{+\text{C, cyflym}} \text{Cynnyrch} + B$$

(adwaith cyflawn A + B + C → Cynnyrch).
Nid oes unrhyw beth wedi ei brofi hyd yn hyn; dyma lle cyflwynir camau 2 a 3.

Yr hyn a ddisgwylir yn (e) yw, o wybod graddau adwaith a gafwyd trwy arbrawf, y dylai'r ymgeiswyr allu awgrymu mecanwaith **posibl** ac, i'r gwrthwyneb, allu diddwytho'r cineteg a ddisgwylid petai mecanwaith adwaith a roddir yn gywir.
Nododd cemegydd adnabyddus, yr Athro Nyholm, hafaliad allweddol ym maes cineteg:

cineteg/mecanwaith = ffaith/ffuglen !

Un gair olaf - dim ond trwy **arbrawf** y gellir cael gwybodaeth am gineteg adweithiau.

Testun 24 Newidiadau Egni ac Ecwilibria

Mae'r Testun hwn yn ymhelaethu ar gynnwys Testunau 6 a 9 ym Modwl CH2 ac yn cynnwys rhagor o agweddau meintiol. Mae'n amlwg y gellir dysgu neu astudio'r testunau hyn yn eu cyfanrwydd felly mae'r gwahanu rhyngddynt yn ffug i ryw raddau ac yn ganlyniad i natur fodylaidd y maes llafur.

Mae canlyniadau dysgu (a) – (d) yn ymwneud â chylchredau egni, pob un ohonynt yn gymwysiadau o ddeddf Hess, ac yn gysylltiedig â naill ai cylchredau Born-Haber, sydd yn arbennig o ddefnyddiol wrth ymdrin â solidau ïonig, neu gylchredau sy'n ymwneud â hydoddedd halwynau ïonig mewn dŵr.

Yn (a), er nad oes angen diffiniadau ffurfiol ar dermau'r cydrannau yn y cylchredau, rhaid gofalu fod yr holl dermau am enthalpi wedi eu deall.

Mae atomeiddiad yn cyfeirio at ffurfio 1 môl o atomau o'r elfen. Dyma enthalpi trefniant atom yr elfen, er na fydd hyn o bosibl yn gymorth i'w ddeall o safbwynt y myfyriwr. Bydd y newid enthalpi yn bositif bob tro (neu'n sero yn achos y nwyon nobl lle mae'r elfen ar ffurf atomig). Ni cheir anhawster â'r gwerthoedd i fetelau neu solidau, e.e. mae Na (s) $\rightarrow$ Na (n) yn ddiamwys. Fe ddaw'r broblem yn achos nwyon deuatomig lle mae perygl drysu â'r egni bond sydd yn ddwywaith ΔH (atom), e.e.

atomeiddiad $\frac{1}{2}Cl_2$ (n) $\rightarrow$ Cl (n) $\Delta H = 121$ kJ môl^{-1}

egni bond Cl_2 (n) $\rightarrow$ 2Cl (n) $\Delta H = 242$ kJ môl^{-1}

Mewn egni ïoneiddio (sydd yn bositif bob amser) yr unig bwynt y dylid sylwi arno yw fod gwerthoedd olynol oll yn cyfeirio at dynnu un electron, e.e. mae ail egni ïoneiddio ar gyfer y broses

M^{+} (n) $\rightarrow$ M^{2+} (n) + e^{-}

ac **NID** M (n) $\rightarrow$ M^{2+} (n) + $2e^{-}$.

Nid oes angen deall y newid enthalpi a geir pan gydunir electron ag atom nwyol (enthalpi cyduniad electron neu affinedd electron) fel term ond y mae, wrth gwrs, yn gam yn y gylchred Born-Haber a rhaid ei drin yn gywir, yn enwedig mewn perthynas ag arwydd. Mae'r broblem yn rhannol hanesyddol oherwydd fe ddiffiniwyd affinedd electron fel yr egni a roddwyd allan yn, er enghraifft, Cl (n) + e^{-} $\rightarrow$ Cl^{-} (n) ac felly fe allai setiau data hŷn roi gwerth o +364 kJ môl^{-1}. Wrth gwrs, y gwerth cywir i'w ddefnyddio mewn gwaith cyfrifo yw –364 kJ môl^{-1}, gan fod y broses yn ecsothermig. Fe roddir hafaliad i'r broses a gwerth â'r arwydd cywir mewn unrhyw gyfrifiad.

Sylwch fod yr enthalpïau hyn a geir pan gydunir electron ag atom yn rhai negatif fel arfer; yr eithriadau a welir ar gyfer Safon Uwch yn ôl pob tebyg yw pan ychwanegir dau electron at O neu S, lle y bydd yr electron cyntaf yn ychwanegu'n ecsothermig, ond y gwrthyriad cynyddol rhwng electronau'n peri fod yr ail ychwanegiad yn un endothermig cryf fel bod ΔH ar gyfer

O (n) + 2e$^-$ → O^{2-} (n) yn +700 kJ môl^{-1}. Sylwch hefyd, er gwaethaf hynny, fod ocsidau'n ffurfio delltau ïonig sefydlog oherwydd yr egni dellt uchel.

Yr unig broblem â'r term egni dellt yw'r angen i fod yn glir ynghylch a yw'r gwerth yn un am dorri dellt (ΔH yn bositif bob amser) neu am ffurfio dellt (ΔH yn negatif bob amser).

Y term olaf yn y gylchred yw'r enthalpi safonol a geir pan ffurfir y cyfansoddyn o'i elfennau, a fydd fel arfer, ond nid o reidrwydd, yn meddu ar werth negatif.

Gan droi at dermau enthalpi sy'n ymwneud â hydoddedd halwynau ïonig mewn dŵr, ac ystyried (b) a (c) ar yr un pryd, yr hyn sydd gennym yw'r gylchred syml lle y rhennir y broses hydoddi (i'n helpu i'w deall) yn gam lle y torrir y dellt ïonig yn ïonau nwyol (ΔH +if) a hydradu'r ïonau hyn wedyn drwy eu hamgylchynu â moleciwlau dŵr polar (ΔH –if). Wedyn gallwn edrych ar y ffactorau sy'n rheoli torri dellt a hydradu ïonau ar wahân a chael rhyw ddealltwriaeth o'r rheswm pam mae rhai halwynau'n hydawdd mewn dŵr ac eraill ddim. Yn amlwg

$$\Delta H \text{ (hydoddi)} = \Delta H \text{ (torri dellt)} + \Delta H \text{ (hydradu ïonau)}.$$

Cyn mentro gam ymhellach rhaid inni fynd o'n ffordd i gynnwys (d) ac ystyried yr holl resymeg ynghylch y ffordd y bydd ecwilibriwm yn mynd a pha gynnyrch sy'n debygol.

Rhoddir y gwir ateb gan gyfuniad o ffactorau egni ac entropi (anhrefn) a elwir yn egni rhydd ond ar gyfer Safon Uwch fe ystyriwn ENTHALPI YN UNIG, sef y term trechaf fel arfer. Wrth ymdrin â solidau ïonig, metelau, mwynau ac ati, ni cheir ond ychydig o gyfeiliornad wrth edrych ar newid enthalpi yn unig, felly mae'r mynegiad yn (d) yn sylfaenol wir ac fe gawn y cynnyrch a ffurfir yn y modd mwyaf ecsothermig.

Fodd bynnag, yn achos hydoddedd halwynau, mae newid enthalpi'r hydoddiant yn wahaniaeth bach iawn yn aml rhwng enthalpi dellt mawr ac enthalpi hydradu; er enghraifft, ar gyfer NaCl,

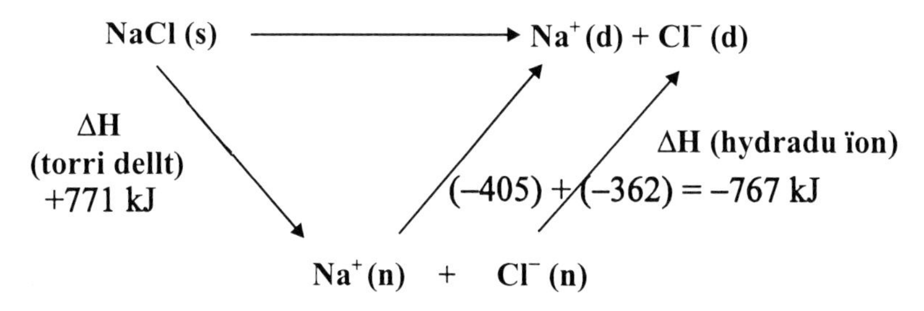

O ganlyniad, mae'n bosibl cael yr ateb anghywir os anwybyddir y ffactorau entropi (a gweithgaredd), fel y gwelir yn NH_4NO_3, er enghraifft, sydd yn hydawdd iawn mewn dŵr er ei fod yn hydoddi'n endothermig. Fodd bynnag, fe wnawn y gorau o'r gwaethaf, gan fod hydoddedd halwynau yn fater ymarferol pwysig, ac fe anwybyddwn yr ychydig eithriadau.

Gan ddilyn yr egwyddor electrostatig arferol bydd yr egnïon dellt yn fawr os yw'r ïonau'n fach, a bydd ganddynt wefr uchel; cymharwch MgO (3889 kJ) a CsI (585 kJ). Fodd bynnag, yr un ffactorau sy'n rheoli enthalpi hydradu ïonau, Mg^{2+} (–1920), Cs^+ (–276), felly yma eto bydd llawer o ganslo'n digwydd pan fyddwn yn ystyried y tueddiadau. Er hynny, gellir llunio dau fynegiad sydd yn wir yn gyffredinol:

1. Mae halwynau sy'n cynnwys ïonau â gwefr sengl yn fwy hydawdd fel arfer na'r rhai sy'n cynnwys gwefrau uwch, fel bod halwynau Grŵp II yn llai hydawdd fel arfer na'r rhai yng Ngrŵp I.
2. Os yw'r catïon a'r anïon o faint tebyg bydd pacio'r dellt yn effeithlon ac yn cynyddu'r egni dellt, er na fydd unrhyw effaith ar egnïon hydradu.

Er enghraifft, mae $MgSO_4$ (Mg^{2+} 65 pm, SO_4^{2-} 230 pm) yn llawer mwy hydawdd na $BaSO_4$ (Ba^{2+} 133 pm, SO_4^{2-} 230 pm) ac mae halwynau ïonig yn hydawdd fel arfer pan fydd anghydweddiad mawr rhwng maint y catïon a maint yr anïon; mae $LiClO_3$ (Li^+ 68, ClO_3^- 200 pm) yn hydawdd iawn mewn dŵr. Hefyd mae halwynau MX (e.e. $CaCO_3$, $NaHCO_3$) yn dueddol o fod yn llai hydawdd na halwynau M_2X (Na_2CO_3) neu MX_2 ($CaCl_2$) am fod eu dellt yn ffitio'n well.

Felly er bod hydoddedd halwynau'n fater cymhleth a'r eithriadau yn gyffredin, mae'r cysyniad o gydbwysedd rhwng enthalpi dellt ac enthalpi hydradu yn un defnyddiol: mae ffactorau sy'n achosi pacio clòs ymysg anïonau a chatïonau yn y dellt yn gwella'r enthalpi dellt o'i gymharu ag enthalpïau hydradu ïonau ac yn tueddu at anhydoddedd.

Dylid cofio rhai pwyntiau cyffredinol wrth wneud cyfrifiadau Born-Haber. Y termau sy'n gwahaniaethu fwyaf rhwng un halid ïonig posibl ac un arall yw cyfanswm yr egni ïoneiddio a'r enthalpi dellt. Bydd y ddau'n cynyddu gyda'r wefr ar yr ïon metel ond cymaint yw'r naid yn yr egni ïoneiddio pan dynnir electron o blisgyn mewnol yn hytrach nag o'r plisgyn falens fel na fydd y broses yn digwydd, er gwaethaf y cynnydd mewn egni dellt.

Felly yn achos Ca,

E.I.	cyntaf 590,	ail 1730,	trydydd 6650	kJ $môl^{-1}$
ΔH (dellt)	CaCl ~ −680	$CaCl_2$ −2235	$CaCl_3$ ~ −4850	kJ $môl^{-1}$

Fe geir yr un effaith ar halid os defnyddir y falens llawn fel yn $CaCl_2$ gan fod yr enthalpi dellt ychwanegol yn gorbwyso'r egni ïoneiddio uwch. Bydd termau Born-Haber eraill yn bwysig weithiau. Er enghraifft, mae egni ïoneiddio cyntaf Pt (866 kJ) yn llai na'r hyn sydd gan Zn (908 kJ) ond enthalpi atomeiddio mawr platinwm Pt (565 kJ) o'i gymharu â zinc Zn (130 kJ) yw un rheswm pam y gwneir gemwaith o Pt ac nid o Zn!

Dylid nodi y gallai halidau nad ydynt yn bod, fel CaCl, feddu o hyd ar werth ecsothermig (ΔH_f) (−157 kJ); yr unig beth yw fod $CaCl_2$ yn fwy ecsothermig (−819 kJ).

Mewn metelau trosiannol mae'r cynnydd rhwng egnïon ïoneiddio olynol yn fwy graddol nag yn achos metelau'r prif Grŵp, felly gallai'r gwahaniaeth enthalpi rhwng un halid a'r llall ar gyfer metel penodol fod yn fach.

Mae gweddill y Testun hwn yn ymwneud ag astudiaethau pellach ar ecwilibriwm ac ecwilibria asidau a basau yn enwedig. Y nod yn (dd) yw sicrhau bod gan yr ymgeisydd amgyffrediad da o bŵer y cysonyn ecwilibriwm mewn cyfrifiadau. Yn anffodus, fe amharir ar y nod hwn gan yr angen i ymdopi â'r algebra sy'n gysylltiedig pan ddefnyddir dulliau ffracsiwn môl neu radd daduniad a bydd llawer o ymgeiswyr yn rhoi'r ffidil yn y to ar ôl gwastraffu llawer o amser a phapur. Oherwydd hynny, ni osodir unrhyw waith cyfrifo lle bydd angen defnyddio'r dulliau hyn, er eu bod yn eithaf derbyniol os dewisir eu gwneud a hwythau'n berthnasol i'r cwestiwn.

Yn y bôn, bydd y gwerthoedd ecwilibriwm nail ai'n cael eu rhoi neu fe ellir eu cyfrifo'n hawdd ac yn uniongyrchol o'r data a roddir. Un camgymeriad cyffredin yw anghofio na ellir byth ffurfio cynnyrch heb i adweithydd ddiflannu. Pan roddwyd cwestiwn rywdro fel hyn: "Adweithiwyd 60 atmos. o H_2 a 20 atmos. o N_2 â'i gilydd gan ffurfio 10 atmos. o NH_3 ar ecwilibriwm. Cyfrifwch K_p," fe anghofiodd llawer o ymgeiswyr y byddai 5 atmos. o N_2 a 15 atmos. o H_2 yn cael eu defnyddio wrth ffurfio'r NH_3.

Camgymeriad arall a welir yn aml yn y maes hwn yw methu sylweddoli y gallai system fod mewn ecwilibriwm neu y gallai beidio â bod. Os nad yw, fe all gwerth cymhareb crynodiadau'r cynnyrch fod yn unrhyw beth, mewn egwyddor, ond dim ond ar ecwilibriwm y bydd y gymhareb hon yn hafal i K.

Mae canlyniad dysgu (e) yn eithaf syml i'r graddau fod gwerth K mawr fel arfer yn golygu cynnyrch helaeth a *vice versa*, ond rhaid wrth rywfaint o bwyll pan fydd gwahanol niferoedd o foleciwlau ar ddwy ochr yr hafaliad. Efallai ei bod yn werth ailadrodd y gwerthoedd a roddwyd yn gynharach yn Nhestun 9:

		$CO(n) + 2H_2(n) \rightleftharpoons$	$CH_3OH(n)$		$K_p = P(CH_3OH)/P(CO) \times P^2(H_2) = 0.25$
gwasgeddau ecwilibriwm	A	1 atm	2 atm	1 atm	yn cynhyrchu CH_3OH 25%
	B	5 atm	20 atm	500 atm	95%

O dan un set o amodau mae K_p o 0.25 yn golygu bod yr ecwilibriwm rywfaint i'r chwith neu'n gytbwys; o dan wasgeddau uwch mae'r ecwilibriwm ymhell i'r dde er bod K_p yn 0.25 o hyd. Ni osodir unrhyw gwestiynau maglu ar y canlyniad hwn ond fe ddylid cofio'r pwynt yma.

Mae canlyniadau (f) i (j) yn gorgyffwrdd â chanlyniadau (d) i (ff) yn Nhestun 9 ac yn mynd â hwy ymhellach ac efallai y byddai'n fuddiol ailadrodd ychydig o'r deunydd a geir yno.

Yn (f), dim ond ffurfioli'r cysyniad o asidau a basau fel cyfranwyr a derbynwyr protonau yw damcaniaeth Lowry-Brønsted ac nid yw'n peri llawer o broblemau fel y cyfryw.

Anos yw'r syniad o bâr cyfunol a'r ffaith bod dau bâr o'r fath yn cymryd rhan bob amser yn y broses wirioneddol. Mae'r hafaliad Asid $\rightleftharpoons$ Bas + H^+ yn diffinio'r broses, gyda'r asid yn rhoi'r proton Chwith $\rightarrow$ De a'r bas yn ei dderbyn De $\rightarrow$ Chwith.

Mae'n well defnyddio enghreifftiau go iawn er mwyn osgoi dryswch, e.e.

$$\underset{\text{(asid)}}{CH_3COOH} \rightleftharpoons \underset{\text{(bas)}}{CH_3COO^-} + H^+$$

ac felly mae CH_3COOH a CH_3COO^- yn ffurfio'r pâr asid-bas cyfunol.

Nid oes protonau rhydd mewn hydoddiant ac felly, gan y cyfyngir y drafodaeth yma i ddefnyddio dŵr fel hydoddydd, ceir:

PÂR 1

$$CH_3COOH + H_2O \rightleftharpoons CH_3COO^- + H_3O^+$$

ASID **BAS** **BAS** **ASID**

PÂR 2

Mae asid ethanoig yn rhoi ei broton i'r moleciwl dŵr (bas) gan drawsnewid $H_2O \rightarrow H_3O^+$ (sef y ffurf asidig ar ddŵr) ac mae'n cael ei adael fel ethanoad (bas).

Ceir ecwilibriwm neu gystadleuaeth felly (lle rhoddir y proton o'r naill i'r llall) a bydd yr asid cryfaf (sydd â'r K_a mwyaf) yn cael gwared ar ei broton trwy ei roi i'r asid gwannaf, sy'n cael ei orfodi i weithredu fel bas. Gydag asid cryf, megis HCl, rhoddir y protonau i gyd i'r dŵr, ond gydag asid gwan megis asid ethanoig dim ond ffracsiwn o'r moleciwlau sy'n llwyddo i gael gwared ar eu protonau, ac felly mae'r asid heb ei ddaduno llawer.

Gwelir un enghraifft ddefnyddiol, ac ymarferol, o gystadleuaeth rhwng asidau yn y gwahaniaeth rhwng effaith asid ethanoig ac effaith ffenol ar hydoddiant hydrogencarbonad. Y gwerthoedd K_a yw, yn fras, asid ethanoig 10^{-5}, asid carbonig 10^{-7}, a ffenol 10^{-10}. Yr ecwilibria yw

1. $CH_3COOH + HCO_3^- \rightleftharpoons CH_3COO^- + H_2CO_3 (\rightarrow CO_2)$,

2. $C_6H_5OH + HCO_3^- \rightleftharpoons C_6H_5O^- + H_2CO_3 (\rightarrow CO_2)$

Yn ecwilibriwm 1, mae asid ethanoig yn gryfach nag asid carbonig ac mae'n gorfodi'r HCO_3^- i dderbyn ei broton, gan gynhyrchu CO_2. Mae ffenol, yn ecwilibriwm 2, yn rhy wan i wneud hyn ac ni chynhyrchir CO_2.

Unwaith eto, bydd basau mewn hydoddiant dyfrllyd yn derbyn proton oddi wrth y moleciwl dŵr, sydd nawr yn gweithredu fel asid.

PÂR 1

$$NH_3 + H_2O \rightleftharpoons NH_4^+ + OH^-$$

BAS **ASID** **ASID** **BAS**

PÂR 2

Mae dŵr yn gweithredu naill ai fel asid neu fel bas (mae'n amffiprotig) gan ddibynnu ar asidedd y rhywogaeth sydd wedi hydoddi ynddo, h.y. a yw'n fwy asidig neu'n llai asidig (h.y. yn fwy basig) na dŵr ei hun.

Mae cysylltiad cryf rhwng canlyniadau (ff) i (h) ac fe'u trafodir orau gyda'i gilydd.

Bydd angen ystyried $K_{dŵr}$ yn ddiweddarach yn yr adran hon ond y nod cychwynnol yw teimlo'n gyffyrddus gyda pH. Mae angen ymdrin â chrynodiadau H^+ sy'n amrywio o 1 i 0.00000000000001 môl dm^{-3}, ac mae hyn yn peri problem. Mae trawsnewid y ffigurau yn bwerau 10 yn rhoi $10^0 - 10^{-14}$ ac mae hyn yn rhoi logarithmau yn y bôn 10 o 0 i −14 felly. Mae'n haws defnyddio graddfa bositif ac felly mae'r ystod pH = $-\log_{10} [H^+]$, h.y. 0 i +14. Yr unig beth sydd ei angen i newid $[H^+]$ yn pH ac yn ôl yw pwyso'r botwm cywir ar y cyfrifiannell ond mae dau bwynt y dylid eu cadw mewn cof.

1. Oherwydd yr arwydd minws, po fwyaf y crynodiad H^+ lleiaf yw'r pH ac i'r gwrthwyneb; mae'n hawdd cael hyn yn anghywir.
2. Mae newid o un uned pH yn golygu newidiadau gwahanol iawn yng nghrynodiad H^+ mewn rhannau gwahanol o'r ystod pH,

   e.e. pH   1 $\rightarrow$ 2

   $[H^+]$ 0.1 $\rightarrow$ 0.01   y newid yn $[H^+]$ yw 0.09 môl dm^{-3}

   pH   6 $\rightarrow$ 7

   $[H^+]$ $10^{-6} \rightarrow 10^{-7}$ y newid yn $[H^+]$ yw 0.0000009 môl dm^{-3}

   (D.S. – dyma pam mae cromliniau titradu yn codi mor gyflym)

Yn achos asidau cryf bydd y crynodiad H^+ yn gywerth â hynny yn yr asid felly bydd y cyfrifiadau'n syml; yn achos basau cryf (fe ddefnyddir y term alcalïau hefyd ar gyfer basau cryf hydawdd fel NaOH) bydd y crynodiad OH^- yn gywerth â hynny yn y bas ac, fel y gwelwyd, mae'r cynnyrch $[H^+][OH^-]$ yn hafal bob tro i $K_{\text{dŵr}}$ (10^{-14}) fel y gellir darganfod $[H^+]$ a pH yn rhwydd ar gyfer hydoddiant o fas cryf. Fel arall gellir defnyddio pOH (nad yw yn y maes llafur) lle y mae pH + pOH = 14.

Yn achos asidau gwan, defnydd uniongyrchol o K_a yw'r dull symlaf a'r mwyaf eglur i gyfrifo. E.e., cyfrifwch pH o 0.1 môl dm^{-3} CH_3COOH os yw $K_a = 1.8 \times 10^{-5}$ môl dm^{-3}.

$$K_a = \frac{[H^+][CH_3COO^-]}{[CH_3COOH]} = 1.8 \times 10^{-5}$$

Tybiwn yn gywir,

1. fod $[H^+] = [CH_3COO^-]$, h.y. daw'r holl $[H^+]$ oddi wrth ddaduniad asid,
2. mai ychydig iawn o asid a ddadunir fel bod $[CH_3COOH] = 0.1$.

Yna $$1.8 \times 10^{-5} = \frac{[H^+]^2}{0.1}$$

$$[H^+]^2 = 1.8 \times 10^{-6},$$

$$[H^+] = 1.35 \times 10^{-3} \text{ a pH} = -\log_{10}[H^+] = 2.8.$$

D.S. Nid oes angen datrys hafaliadau cwadratig os yw'r asid yn ddigon gwan, sydd yn wir yma ac mewn unrhyw gwestiwn a roddir. Wrth ddefnyddio'r dull uniongyrchol, y cwbl sy'n angenrheidiol yw'r gallu i ysgrifennu mynegiad o gysonyn ecwilibriwm ac nid oes angen unrhyw fformiwla, sy'n mynd yn angof yn aml yng ngwres y frwydr.

Yn (ng) mae'r gallu i gofio cromliniau titradu asid-bas yn ddigonol mewn llawer achos. Efallai y bydd y pwyntiau canlynol o gymorth.

1. Y cyfan yw'r pedair cromlin sy'n bosibl yw cyfuniadau o'r ddau fath o hanner cromlin, y niwtralu ar asid/bas cryf neu asid/bas gwan. Mae'r gromlin gryf yn dechrau ar pH isel (neu uchel), yn newid ond ychydig nes ei bod yn agos at niwtralu, ac yn codi (yn disgyn) yn bendant i pH 7.

Mae'r gromlin wan yn dechrau ar pH llai isel (neu uchel), e.e. 3 (neu 11), yn codi (neu'n disgyn) rywfaint, yn mynd trwy ranbarth lle nad oes ond ychydig o newid pH (rhanbarth byffer, e.e. tua pH 5 yn achos asid gwan, lle y mae $[H^+] = K_a$) ac yna'n codi'n bendant ger pH 7.

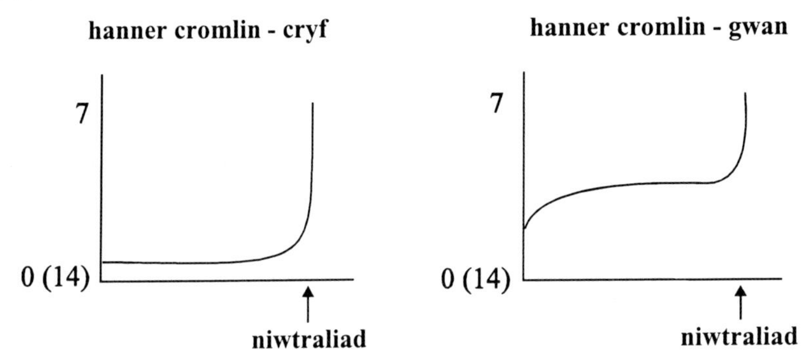

Y cwbl yw'r gromlin asid cryf – bras cryf, asid gwan – bas cryf, ac ati yw cyfuniad o'r ddau hanner cromlin priodol.

2. Bydd y gromlin pH yn newid yn bendant iawn ar y pwynt niwtralu, gyda thoriad fertigol; ni fydd yn ymlwybro i fyny.
3. Gofalwch fod y gromlin yn dechrau ar pH isel os ychwanegir bas at asid a *vice versa*; mae hyn yn achosi cyfeiliornad yn ddigon aml, h.y. llunnir plotiad gwrthdro.
4. Os rhoddir crynodiadau neu feintiau, rhaid i'r newid pH pendant ddigwydd ar y pwynt niwtralu, e.e. ar 25 cm^3 os titradir 25 cm^3 o asid, er enghraifft, gyda bas o grynodiad cywerth. Fe esgeulusir hyn yn aml.

Cofiwch, fel y dywedwyd uchod, fod y cynnydd pH pendant yn digwydd oherwydd y cysylltiad logarithmig, fel bod pob gostyngiad decplyg mewn $[H^+]$ yn cynyddu'r pH o 1. Felly wrth ditradu 25 cm^3 0.1 môl dm^{-3} HCl â 0.1 môl dm^{-3} NaOH fe gawn:

Cyfaint y NaOH a ychwanegir/cm^3	22.5 plws	2.25 plws	0.225 plws	0.0225 ac ati.
Newid pH	$1 \rightarrow 2$	$2 \rightarrow 3$	$3 \rightarrow 4$	$4 \rightarrow 5$

Bydd pH dechreuol yr asid neu'r bas yn dibynnu, wrth gwrs, ar ei grynodiad yn ogystal â'i gryfder a gellir ei gyfrifo'n rhwydd o'r mynegiad am K_a fel uchod.

D.S. Ni osodir gwaith cyfrifo sy'n cynnwys basau gwan yn yr adran hon.

Yn yr un modd, bydd cyfrifiadau sy'n cynnwys hydoddiannau byffer yn cynnwys asidau gwan a'u halwynau yn unig ac NID basau gwan. Yma eto, y mynegiad am gysonyn ecwilibriwm yw'r dull cyfrifo mwyaf diogel, h.y.

$$K_a = \frac{[H^+][HALWYN]}{[ASID]},$$

fel y gellir cyfrifo pH unrhyw hydoddiant byffer os yw K_a a chrynodiadau'r asid gwan a'i halwynau yn hysbys.

Fel y nodwyd uchod, os caiff asid gwan ei niwtralu â bas cryf, trawsnewidir yr asid yn halwyn felly, yn ystod titradu, ceir rhanbarth byffer o pH sefydlog pryd y mae meintiau tebyg o asid a halwyn yn bresennol. O'r hafaliad uchod, ar hanner-niwtraliad pan fydd [HALWYN] = [ASID], $K_a = [H^+]$. Mae hafaliad Henderson, a ddefnyddir weithiau ar gyfer cyfrifiadau byffer, sef $pH = pK_a + \log_{10}[HALWYN]/[ASID]$, yn ffurf logarithmig o'r hafaliad uchod.

Mae byffro yn hollbwysig mewn systemau byw lle catalyddir pob proses gan ensymau. Mae ensymau yn gweithio'n effeithiol dros amrediad cul o pH ac felly mae'n rhaid i bob system gadw pH cyson. Mae llawer o brosesau mewn diwydiant, prosesau dadansoddol, a phrosesau sy'n ymwneud â chyfradd adweithiau, hefyd yn sensitif iawn i pH ac mae angen eu byffro.

Yn y maes llafur defnyddir yr enghraifft CH_3COONa/CH_3COOH, ar gyfer trafodaeth ond mae'r egwyddorion yn gyffredinol ac maent yn berthnasol i systemau bas gwan/halwyn basig yn ogystal â systemau asid gwan/halwyn.

Yr ecwilibriwm allweddol yw $CH_3COOH \rightleftharpoons H^+ + CH_3COO^-$,

lle mae $K_a = [H^+][CH_3COO^-] / [CH_3COOH] \approx 10^{-5}$ môl dm^{-3}.

Yn dilyn Le Chatelier, bydd ychwanegu H^+ yn dadleoli'r ecwilibriwm i'r chwith gan ddileu H^+; gellir ystyried ychwanegu OH^- naill ai fel dileu H^+ (gan fod $[H^+][OH^-] = K_{dŵr}$) a dadleoli'r ecwilibriwm i'r dde neu gellir ei ystyried yn adweithio'n uniongyrchol â'r asid, $CH_3COOH + OH^- \rightarrow CH_3COO^- + H_2O$ gyda'r un effaith ar y system gyflawn.

Efallai y byddai defnyddio rhifau yn helpu'r ddealltwriaeth hon. Cymharwn effaith ychwanegu 0.001 môl o H^+ at 1 dm^3 o (a) dŵr a (b) hydoddiant sy'n cynnwys 0.1 môl o CH_3COOH a 0.1 môl o CH_3COONa.

(a) Dŵr pur : pH dechreuol = 7, pH terfynol = 3, <u>newid yn y pH = 4</u>

(b) $K = [H^+][CH_3COO^-] / [CH_3COOH] = 10^{-5}$

<u>Ar y dechrau</u>, $10^{-5} = [H^+]\ 0.1/0.1$, $[H^+] = 10^{-5}$, pH = 5.00.

<u>Yn syth</u> ar ôl ychwanegu 10^{-3} môl H^+, cymhareb y crynodiadau

$$[H^+][CH_3COO^-] / [CH_3COOH] = 10^{-3} \times 0.1/0.1 = 10^{-3}$$

Mae hyn yn fwy na K ac felly nid yw'r system mewn ecwilibriwm ac felly $H^+ + CH_3COO^- \rightarrow CH_3COOH$ hyd nes i'r gymhareb leihau i K.

Nawr, y crynodiadau yw (fe'u darganfyddir trwy gynnig a gwella):

$$[H^+] = 1.25 \times 10^{-5}, \quad [CH_3COO^-] = 0.099, \quad [CH_3COOH] = 0.101$$

$$10^{-5} = (1.025 \times 10^{-5}) \times 0.099/0.101$$

ac felly $[H^+] = 1.25 \times 10^{-5}$, pH = 4.99, a'r <u>newid mewn pH = 0.01</u>

Felly mae'r byffer yn atal bron yn llwyr y newid mawr a geir mewn dŵr.

Nid oes dim byd syfrdanol yn y canlyniad hwn – dim ond ecwilibriwm ac Egwyddor Le Chatelier – y pwynt allweddol yw bod meintiau'r asid a'r bas a ychwanegir yn llai o lawer na chrynodiadau'r asid gwan a'r halwyn yn y byffer, fel a welwyd uchod, ac felly mae'r H^+ yn cael ei lyncu heb effeithio'n fawr ar y gymhareb CH_3COO^-/CH_3COOH. Byddai ychwanegu llawer o asid yn trawsnewid y cyfan o'r $CH_3COO^- \rightarrow CH_3COOH$ a dinistrio gweithrediad y byffer.

Dylid nodi, wrth i asid ethanoig, er enghraifft, gael ei ditradu gydag OH^-, bod y system yn mynd trwy fan (tua hanner ffordd) lle mae crynodiad CH_3COOH yn debyg i grynodiad CH_3COO^- a cheir man byffro lle nad yw'r pH yn newid llawer wrth i ragor o alcali gael ei ychwanegu. Yn y pen draw, trawsnewidir y rhan fwyaf o'r asid yn ethanoad, mae'r effaith byffro yn peidio, ac mae'r pH yn codi eto.

(i) Mae gan yr adran hon gysylltiad agos ag adrannau (ff) i (h). Y cysyniad allweddol yw nad yw asid gwan, er enghraifft, yn ïoneiddio i'w halwyn lawer, $CH_3COOH \rightleftharpoons CH_3COO^- + H^+$, ac felly mae'r halwyn yn tueddu i ailffurfio'r asid mewn dŵr, $CH_3COO^- + H_2O \rightleftharpoons CH_3COOH + OH^-$, gan roi hydoddiant alcalïaidd. Yn yr un modd gyda'r bas gwan, $NH_3 + H_2O \rightleftharpoons NH_4^+ + OH^-$, mae'r halwyn yn ailffurfio'r bas mewn dŵr, $NH_4^+ + H_2O \rightleftharpoons NH_3 + H_3O^+$, gan roi hydoddiant asidig. Mae halwynau asidau a basau cryf, e.e. NaCl, yn rhoi hydoddiannau niwtral gan fod yr asid, er enghraifft, yn rhoi ei broton yn llwyr i'r dŵr ac ni fydd yn ei dderbyn yn ôl.

Fel gwybodaeth gefndir y tu allan i'r maes llafur mae'n fuddiol edrych ar y cysonion, gan ddefnyddio'r system asid ethanoig.

Hydrolysis

$CH_3COO^- + H_2O \rightleftharpoons CH_3COOH + OH^-$; $K_{(hydrolysis)} = [CH_3COOH][OH^-]/[CH_3COO^-]$

Ïoneiddio asid

$CH_3COOH \rightleftharpoons CH_3COO^- + H^+$; $K_a = [CH_3COO^-][H^+]/[CH_3COOH]$

Lluosi'r ddau *K*

$$K_{(hydrolysis)} \times K_a = \frac{[CH_3COOH][OH]}{[CH_3COO^-]} \times \frac{[CH_3COO^-][H^+]}{[CH_3COOH]} = [H^+][OH^-] = K_{dŵr}$$

Mae $K_{dŵr}$ yn gyson ac felly bydd gan asid cryf (sydd â K_a mawr) werth bach ar gyfer $K_{(hydrolysis)}$ ac i'r gwrthwyneb.

(j) Yn (j), mae dethol dangosydd addas yn fater syml o wybod lle y bydd toriad fertigol y gromlin titradu pH ar gyfer system benodol. Rhoddir y newid yn amrediad pH y dangosydd bob tro. Fodd bynnag, mae angen mwy o ystyriaeth i ddeall y dull o weithio â dangosyddion. Cyfyngir y drafodaeth i asidau er mwyn ei chadw'n syml ac mae'n seiliedig unwaith eto ar

$$K_a = [H^+][HALWYN]/[ASID].$$

Mae'r dangosydd yn asid gwan ac mae ei ffurfiau halwyn ac asid o liw gwahanol. Fe reolir y crynodiad $[H^+]$ yn gyfan gwbl trwy ditradu'r hydoddiant oherwydd dim ond ychydig ddiferion o'r hydoddiant sy'n bresennol.

Felly ar $[H^+]$ uchel, a pH isel, fe yrrir ecwilibriwm daduniad y dangosydd

$$\text{ASID} \rightleftharpoons H^+ + \text{HALWYN}$$

lliw 1 lliw 2

i'r chwith, gan roi lliw 1, a *vice versa.* Mae'r pH lle y bydd y lliw yn newid yn dibynnu ar K_a y dangosydd (a ysgrifennir weithiau fel K_{In}) ac fe welwn o'r hafaliad uchod y bydd y dangosydd wedi hanner newid pan fydd $K_a = [H^+]$.

Felly bydd dangosydd o asid cryfach yn newid lliw ar $[H^+]$ eithaf uchel a bydd yn ddefnyddiol felly ar pH eithaf isel, h.y. titradiadau asid cryf, a *vice versa.*

Sylwch hefyd o'r hafaliad fod newid pH o 1 (sef newid $[H^+]$ o 10) yn achosi newid o 10 yng nghymhareb y ddwy ffurf liw. Felly, yn aml, byddwn yn ystyried fod dangosydd yn newid ei liw yn gyfan gwbl dros 2 uned pH, h.y. [ASID]/[HALWYN] o 10/1 i 1/10.

Er enghraifft, yn achos ffenolffthalein, sy'n newid lliw dros pH 8 – 10, mae i K_{In} werth o 4×10^{-10}, h.y. asid gwan iawn, tra bo methyl oren, â'i amrediad pH o 3.1 – 4.4 yn asid cryfach o lawer, a $K_{In} = 2 \times 10^{-4}$.

Ôl-nodyn

Gyda'i gilydd mae'r llyfrynnau Cymorth Adolygu Modylau CH1, CH2, CH4 ac CH5 yn rhoi sylw llawn i faes llafur Cemeg Safon Uwch Modylol CBAC, o ran y cyfraniad damcaniaeth. Mae'r holl feysydd llafur ar gyfer Cemeg Safon Uwch yn cynnwys llawer o gynnwys sy'n gyffredin iddynt, wrth gwrs, yn enwedig yr hyn a nodir yng nghraidd Cemeg QCA/ACCAC, felly bydd o leiaf 50% yn gyffredin i'r holl fyrddau arholi. Er hynny, fe welir rhai gwahaniaethau o ran pwyslais yn y gwahanol feysydd llafur sydd ar gael ac er mwyn y myfyrwyr hynny sy'n bwriadu parhau i astudio Cemeg (ac er mwyn yr athrawon sy'n eu cynghori) fe amlinellir yma rai meysydd pwysig sydd heb eu cynnwys ar hyn o bryd.

Hepgorwyd dau brif beth mewn Cemeg Ffisegol: yn gyntaf, mae Deddf Raoult a'i chanlyniadau, nad oedd yn boblogaidd iawn gan fyfyrwyr, wedi ei hepgor bellach, felly bydd raid cywiro'r diffyg hwnnw cyn y gellir ymdrin â phynciau fel priodweddau crynodi. Yn ogystal â hynny, dim ond $\Delta H^{\ominus}$ a ystyriwyd yma wrth ymdrin ag ecwilibria, felly bydd angen trafod newidiadau mewn egni rhydd ($\Delta G^{\ominus}$) ac entropi ($\Delta S^{\ominus}$), yn ogystal ag enthalpi, cyn y gellir astudio Ail a Thrydedd Ddeddf Thermodynameg.

Mewn Cemeg Organig, mae ystyriaethau amser wedi nacáu ymdriniaeth helaeth â systemau aromatig, yn enwedig patrymau adweithedd ac amnewid mewn rhywogaethau o'r fath. Ceir ymdriniaeth eithaf llawn â chemeg aliffatig, er na chynhwyswyd ond nifer fach o fecanweithiau a bu'n rhaid hepgor rhai testunau pwysig fel diraddiad Hofmann ac adweithyddion Grignard

Mewn Cemeg Anorganig fe gryfhawyd ymhellach yr ymdriniaeth ag egwyddorion sylfaenol cyfnodedd a chemeg bloc-*s*, ond nid oedd modd cynnwys ond ychydig o gemeg bloc-*p*. Felly, mae'r ymdriniaeth â Grŵp III braidd yn denau ac ni ellid cynnwys unrhyw waith manwl ar Grwpiau V a VI. Cyfyngwyd yr ymdriniaeth â rhywogaethau metel trosiannol i'r gyfres 3*d* ac ni cheir ond amlinelliad o'r bondio mewn systemau o'r fath. Y rheswm am hyn yw mai braidd gyffwrdd yn unig y mae bondio cemegol a chysyniad yr orbital moleciwlaidd ac yn y rhan fwyaf o achosion fe gyfyngir hynny i'r cwestiwn ïonig/cofalent sylfaenol a'r dull VSEPR.

Fodd bynnag, mae sbectrosgopeg bellach wedi hen ennill ei lle, ac ymdrinnir â sbectra uwchfioled/gweladwy ac isgoch fel enghreifftiau o gynyrfiadau electronig a dirgryniadol yn ôl eu trefn. Nid oedd modd cynnwys pob techneg sbectrosgopig, fodd bynnag ond cynhwysir sbectra cyseiniant magnetig niwclear am y tro cyntaf yn awr (2000).

Bydd y cynnwys cyffredinol yn wahanol mewn rhai agweddau i'r hyn a geir mewn meysydd llafur eraill ond fe fydd, er hynny, yn gosod sylfaen eang a digonol i astudio Cemeg ymhellach ar lefel uwch.